5G关键技术与系统研究

汤东　李信昌　王君健　著

U0340839

吉林科学技术出版社

图书在版编目（CIP）数据

5G 关键技术与系统研究 / 汤东，李信昌，王君健著
. -- 长春 : 吉林科学技术出版社，2022.8
ISBN 978-7-5578-9372-9

Ⅰ. ①5… Ⅱ. ①汤… ②李… ③王… Ⅲ. ①第五代移动通信系统一研究 Ⅳ. ①TN929.53

中国版本图书馆 CIP 数据核字(2022)第 113554 号

5G 关键技术与系统研究

著　　汤　东　李信昌　王君健
出 版 人　宛　霞
责任编辑　赵维春
封面设计　北京万瑞铭图文化传媒有限公司
制　　版　北京万瑞铭图文化传媒有限公司
幅面尺寸　185mm×260mm
开　　本　16
字　　数　230 千字
印　　张　10.625
印　　数　1-1500 册
版　　次　2022年8月第1版
印　　次　2022年8月第1次印刷

出　　版　吉林科学技术出版社
发　　行　吉林科学技术出版社
地　　址　长春市南关区福祉大路5788号出版大厦A座
邮　　编　130118
发行部电话/传真　0431-81629529　81629530　81629531
　　　　　　　　81629532　81629533　81629534
储运部电话　0431-86059116
编辑部电话　0431-81629510
印　　刷　廊坊市印艺阁数字科技有限公司

书　　号　ISBN 978-7-5578-9372-9
定　　价　48.00 元

版权所有　翻印必究　举报电话：0431—81629508

前言 PREFACE

随着通信市场的饱和，移动通信产业开始把注意力转向如何为其他行业提供更加有效的通信工具和能力，开始构想“万物互联”的美好愿景。面向物与物的无线通信，与传统的人与人的通信方式有着较大的区别，在设备成本、体积、功耗、连接数量，覆盖能力上面，都提出了更高的要求，特别是面向远程医疗、工业控制和智能电网等应用，更是对传输的时延和可靠性提出了更苛刻的要求。5G 相对于 4G 来讲既是演进的又是革命性的，其是持续演进的结果，在满足人们对日益增长的信息需求的同时，不断提升通信网络能量效率，减少通信产业的能耗，以降低信息通信产业总体碳排放量。

基于此本书从移动互联网理论基础入手，对 5G 网基础构建，调制解调技术、多址接入与抗衰落技术、大规模天线技术、5G 背景下智慧校园系统建设以及新一代移动通信的关键技术等方面展开详细的叙述，在撰写过程中突出以下特点：第一，内容丰富、详尽，时代性强。第二，理论与实践结合紧密，结构严谨，条理清晰，重点突出，具有较强的科学性、系统性和指导性。第三，结构编排新颖，表现形式多样，便于读者理解掌握。是一本为从事 5G 专业的工作者以及研究者量身定做的教育研究参考用书。

在本书的撰写过程中，参阅、借鉴和引用了国内外许多同行的观点和成果。各位同仁的研究奠定了本书的学术基础，对 5G 关键技术与系统研究的展开提供了理论基础，在此一并感谢。另外，因水平和时间所限，书中难免有疏漏和不当之处，敬请读者批评指正。

前言

目录 CONTENTS

第一章　移动互联网理论基础 …… 1

第一节　移动互联网的基本概念 …… 1

第二节　移动互联网的基本特征 …… 4

第三节　移动互联网新型业务模式 …… 6

第二章　5G 网基础构建 …… 11

第一节　5G 概念 …… 11

第二节　5G 需求 …… 15

第三节　5G 网络架构 …… 25

第三章　调制解调技术 …… 41

第一节　调制解调技术概述 …… 41

第二节　最小移频键控 …… 51

第三节　高斯最小移频键控 …… 54

第四节　QPSK 调制及高阶调制 …… 59

第四章　多址接入与抗衰落技术 …… 72

第一节　多址接入技术 …… 72

第二节　分集技术 …… 79

第三节　均衡技术 …… 88

第四节　扩频通信 …… 91

第五章　大规模天线技术 …… 95

第一节　大规模天线概述 …… 95

第二节　大规模天线技术基础 …… 96

第三节　大规模天线的挑战 …… 110

第四节　大规模天线技术方案前瞻 …… 114

第六章　5G 背景下智慧校园系统建设 …… 124

第一节　现有智慧校园建设 …… 124

第二节　5G 背景下智慧校园建设的总体规划 …… 126

第三节　5G 背景下智慧校园建设内容 …… 130

第七章　新一代移动通信的关键技术……139

第一节　绿色通信技术……139

第二节　云计算技术……145

第三节　大数据技术……158

参考文献……163

第一章　移动互联网理论基础

第一节　移动互联网的基本概念

一、移动互联网的发展

移动互联网开始于20世纪90年代中期，一直以来，国外移动互联网研究主要沿着六个方向进行。一是对移动互联网的基础理论研究，主要涉及对移动互联网的概述性研究，对未来发展方向、消费者行为、移动互联网商业战略及商业模型、相关法律和道德的研究等。二是对无线网络基础设施的研究，主要涉及对无线、移动网络和网络要求的研究等。三是对移动中间件的研究，包括对Agent（代理）技术、数据库管理技术、安全技术、无线/移动通信组件以及无线和移动协议的研究等。四是对移动用户终端的研究，主要集中在两个方面，即硬件和软件。硬件方面主要是移动手持设备，集中在对移动终端的研究，例如智能手机和掌上电脑（PDA）；软件方面主要是移动用户界面，即移动设备终端进行移动互联网应用时所使用的操作系统和界面。五是对移动互联网应用和案例的研究，主要包括对移动社交网络、移动金融、移动广告、移动库存管理、商品的搜索和购买、移动娱乐服务、移动游戏、移动办公和无线数据中心等多个领域内的应用和案例研究。六是对移动互联网商业模式的研究。

中国移动互联网开始于2000年，近年来发展迅速。在中国，移动互联网的相关学术研究主要沿着三个方向进行。一是移动互联网的概述性研究，主要包括移动互联网的特征、发展现状、发展趋势、影响因素等方面。研究人员提出“聚合服务”构成了移动互联网产业链发展的主旋律，打造出一条“聚合生态链”，并颠覆传统的相关专业的模式，为企业开辟了新的蓝海。二是关于移动互联网具体业务应用的研究。研究人员指出了移动Widget（微件）运营面临的问题是缺乏平台侧的相关标准、移动Widget跨终端移植、平台侧及终端侧接口和协议需要进行扩展。三是移动互联网关键技术研究。研究人员提出基于Mashup（聚合）的移动互联网业务架构，通过Mashup

的技术促使移动网络和互联网在业务层面上的融合。

总的来说，移动互联网出现至今，尚属于一个年轻的新生事物，国内外针对这方面的专门研究不多，研究深度不够，成果较少，尚未形成理论体系。具体而言存在以下三大问题：第一，关注微观细节，缺乏宏观把握。目前的研究重点往往放在移动互联网的具体业务应用上，缺乏对移动互联网总体系统的宏观把握。第二，侧重实践研究，缺乏理论高度。研究具体的实践操作较多，尚未上升到理论层面，相关理论支撑较为薄弱。第三，从消费者手机上网的行为角度出发，在系统深入地研究移动互联网商业模式搭建方面，基本处于空白状态，现有的一些研究成果只是进行了零散的、不成体系的简单论述。

二、移动互联网的概念

移动互联网从字面上理解就是互联网技术与移动通信技术的融合，通过各种便携式智能设备，包括智能手机、平板电脑等，实现不受位置限制的网络访问，随时随地获取信息和服务。移动互联网实现了无线通信的移动功能、传统计算功能以及互联网连通功能的直接融合。

尽管移动互联网是目前信息技术领域最热门的概念之一，但业界并未就其定义达成共识，这里介绍几种有代表性的移动互联网的定义。百度百科中指出，移动互联网是一种通过智能移动终端，采用移动无线通信方式获取业务与服务的新兴业态，包含终端、软件和应用三个层面，终端层包括智能手机、平板电脑、电子书等，软件层包括操作系统、中间件、数据库和安全软件等，应用层包括休闲娱乐类、工具媒体类、商务财经类等不同应用与服务。独立电信研究机构无线应用协议论坛认为，移动互联网是通过手机、掌上电脑或其他手持终端通过各种无线网络进行数据交换；信息技术论坛认为，移动互联网是指通过无线智能终端，如智能手机、平板电脑等使用互联网提供的应用和服务，包括电子邮件、电子商务、即时通信等，保证随时随地进行无缝连接的业务模式。

移动互联网是指由蜂窝移动通信系统通过终端接入互联网，让用户不受时间、地点限制获取互联网上丰富的信息资源和应用服务。信息产业部电信研究院副总工程师余晓时从本质上对移动互联网的定义进行分析后提出，移动互联网是一种通过移动智能设备接入网络从而满足顾客需要的服务，它主要包括网络接入、网络服务及终端，如手机、平板电脑等。

移动互联网是以互联网协议技术为核心，在全国甚至全球范围内为用户提供语音、图像、视频等服务的新型开放的电信服务。简而言之，就是可以让消费者在不断的位置变化当中使用移动设备，任意地访问网络，获取并交换信息，进行工作和娱乐等，它由网络、终端和应用三个基本要素组成。

对移动互联网最为通俗的解释为“移动通信 + 互联网”，然而，它并不是简单的两者相加，既包括了移动设备的随时随地随身性，也包括了互联网的相互分享的优势，作者更倾向于“移动互联网 = 移动 × 互联网”的定义。

移动互联网被定义为互联网的高级阶段。相对于电脑终端的初级阶段，移动互联网既不是电脑终端的补充，也不是改进后的互联网，不是工具和技术而是主战场。移动互联网的本质功能是社交，她同时提出移动互联网的一些特征——碎片化、信息化、即时反应等。研究人员提出移动互联网进入到“中介化”“免费”的时代。

通过以上学者对移动互联网概念的研究可以看出，尽管对其含义阐述不尽相同，但其共同点都认为移动互联网是通过手持终端接入互联网，从而获取服务的。

中兴通讯从通信设备制造商的角度给出了移动互联网的定义：狭义的移动互联网是指用户能够通过手机、掌上电脑或其他手持终端通过无线通信网络接入互联网；广义的定义是指用户能够通过手机、掌上电脑或其他手持终端以无线的方式通过各种网络来接入互联网。可以看到，对于通信设备制造商来说，网络是移动互联网的主要切入点。MBA 智库同样认为移动互联网的定义有广义和狭义之分。广义的移动互联网是指用户可以使用手机、笔记本电脑等移动终端通过协议接入互联网，狭义的移动互联网则是指用户使用手机终端通过无线通信的方式访问采用 WAP(无线应用协议)的网站。

第一，移动终端，包括手机、专用移动互联网终端和数据卡方式的便携电脑。

第二，移动通信网络接入，包括 2G（第二代移动通信网络）、3G（第三代移动通信网络）、4G（第四代移动通信网络）及 5G（第五代移动通信网络）等。

第三，公众互联网服务，包括 Web（全球广域网）、WAP 方式。

移动终端是移动互联网的前提，接入网络是移动互联网的基础，而应用服务则成为移动互联网的核心。上述定义给出了移动互联网两方面的含义，一方面，移动互联网是移动通信网络与互联网的融合，用户以移动终端接入无线移动通信网络的方式访问互联网；另一方面，移动互联网还产生了大量新型的应用，这些应用与终端的可移动、可定位和随身携带等特性相结合，为用户提供个性化的、位置相关服务。

根据“著云台”的分析师团队对移动互联网的定义，移动互联网是指互联网技术、平台、商业模式和应用与移动通信技术相结合并实践的活动总称。移动互联网是智能移动终端设备以及通过移动无线通信方式获取信息和服务的新兴网络服务，它包含移动终端、终端智能软件和终端应用程序三个层面：移动终端包括平板电脑、智能手机、阅读设备等；终端智能软件包括操作系统、中间件、数据库和安全软件等；终端应用程序是指在智能终端操作系统的基础上开发出来的应用程序，包括社交娱乐类、日常工具类、多媒体类、商务财经类等程序。

综合以上观点，移动互联网是指以各种类型的移动终端作为接入设备，使用各种移动网络作为接入网络，从而实现包括传统移动通信、传统互联网及其各种融合创新服务的新型业务模式。

因移动互联网在终端和网络技术上的进步，以及消费者在需求上的不断丰富和升级，带来了整个移动互联网内容应用的创新和繁荣，而这背后正是移动互联网产业链的变革和商业模式的创新为产业发展带来了强有力的支持，移动互联网本身也正逐步发展成为一种新的商业生态系统。

第二节　移动互联网的基本特征

总体来讲，移动互联网具有个性化、碎片化、多样化、便捷化、隐私性等特征。桌面互联网、移动互联网、移动通信网的特性如图 1-1 所示。

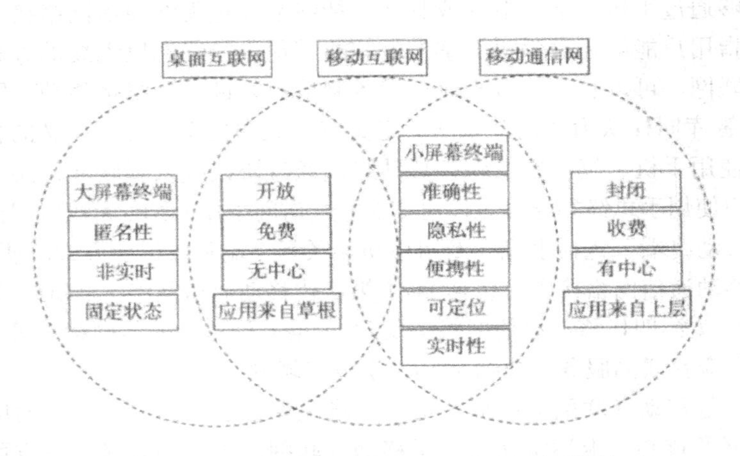

图 1-1　桌面互联网、移动互联网、移动通信网特性

一、个性化

与移动互联网产品多样化相比，移动互联网服务则是个性化的。从移动终端的角度看，客户将个人信息与移动终端绑定在一起，而且其选择的应用和服务都具有鲜明的个人特征。从移动互联网用户的角度看，对于移动互联网提供的各类移动应用程序、软件及服务等，用户都可以完全按照自己的意愿与需求进行挑选，从而满足用户的个性化需求。

从网络的角度来看，客户如果需要访问信息，就需要寻找就近的网络环境并接入。提供移动网络服务的服务商就可以获取并实时跟踪和分析客户的行为和需求，做出应对措施。从应用及服务的角度来说，由于用户使用的移动终端不同，登录账号等也就不同，服务器可以根据监测到的具体用户信息，有针对性地提供适合不同用户的应用或服务，例如基于地理位置的信息服务等。

二、碎片化

碎片化是当前国内对传播语境的一种较为生动的说法。就其传播本质而言，是社会碎片化的体现。用户通过随时分享、随地定位、随身处理事务，无形当中整合了个

人的碎片化时间，可以看到，无论在交通工具上还是在睡觉前，消费者都能自如享受互联网的服务，似乎整个生活的维度扩大了，时间变长了。

相比传统网络的固定性，移动互联网的优势是在我们离开台式电脑屏幕之后仍然可以接入网络完成同样的事情。在用户的时间分布中，视频、社交是两大时间杀手。不难发现，移动互联网正在以惊人的速度和规模占领着我们的碎片化时间。

碎片化表现在移动互联网的使用时间上。移动互联网具备上网的便利性特点，不需要特意留出一定的时间段来完成上网行为，但这种随意性导致上网行为经常被打断，用户间断性地上网获取信息，利用碎片化的时间完成上网行为。移动互联网访问的便利性提升网络黏度，全时段的访问更使得网上商务相关的数据，例如客户行为数据、客户评论数据等达到了爆发式的增长。

与电脑终端接入互联网相比，可使用移动终端接入移动互联网呈现的典型特征就是时间利用的碎片化、网络资源获取的碎片化以及移动互联网用户体验的碎片化。在坐公交车的时候，即使是短暂的几分钟、十几分钟，大多乘客都会拿出手机看微博、聊微信、上论坛、看新闻、玩游戏等，这些都是时间的碎片化利用，也是间断性地获取网络碎片化资源，带来的是用户碎片化的体验。

碎片化体现在用户生活的各个方面，不仅体现在体验的碎片化上，还体现在搜索和消费行为的碎片化上。比如，用户往往需要及时搜索需要的信息，回家或者到办公室打开电脑搜索显然不现实，而移动互联网的搜索时间和内容就表现出碎片化。此外，购买行为也呈现明显的碎片化，已经不再是周末出去逛街集中采购了。移动互联网的出现减少了台式电脑反复开机的烦琐，当不需处理大量事务的时候，移动设备几乎代替台式电脑。

三、多样化

移动互联网多样化的特征主要是从移动互联网产品的角度考虑的。当今社会，移动互联网用户的需求呈多样化态势，这决定了移动互联网产品的多样化。为满足用户的多样化需求，移动互联网的应用产品系列越来越多、种类越来越丰富，例如各类视频软件、游戏娱乐软件、聊天软件、音乐软件、各类浏览器、社交网站、购物网站等，所有这些产品都满足了用户对移动互联网产品的多样化需求。

四、便捷化

移动互联网与桌面互联网相比，能够满足用户随时随地联网获取信息的需求，即移动互联网具有便携化特征。手机、平板电脑等移动终端与电脑相比，用户随身携带的时间要更长一些，而且使用的频率要更高一些，加上无线通信技术的保障，也就决定了移动用户可以随时随地与外界进行沟通交流以及获取资讯信息。也正是移动互联网的高便携性，使其具有桌面互联网无法超越的优势。

移动互联网的基础网络是一张立体的网络，GPRS（通用分组无线业务）、3G、4G 和 WLAN（无线局域网）或 Wi-Fi（基于 IEEE802.11 标准的无线局域网）构成的无缝覆盖，使得移动终端具有通过上述任何形式联通网络的特性；移动互联网的基本载体是移动终端。这些移动终端不仅是智能手机、平板电脑，还有可能是智能眼镜、手表、服装、饰品等。它们属于人体穿戴的一部分，随时随地都可使用。

在移动互联网时代，我们的生活被无缝连接。无论在地铁还是公交车上，只要有无线设备，原来无用的时间也就变得有用起来。无缝连接使用户的生活可以“分身有术”。一边收看电视节目一边刷微博，一边候机一边处理事务等，事件的交叠使时间得以充分利用，虽然一天还是只有 24 小时，但处理的事务却大大增加。

五、隐私性

移动终端设备的隐私性要求高于 PC（个人计算机）端。由于其移动性和便携性，移动互联网的信息受保护程度很高，分享数据的同时既要保证分享认证客户的有效性，更要保证用户信息的安全性。移动互联网时代，传统的公开透明的特点已经不再适合，用户无须将自己设备上的个人信息共享，从而确保了信息的安全性。

随着移动通信技术和终端软件层的快速发展，在未来近场通信技术、移动支付的支撑技术和移动通信技术标准等也会被规划到移动互联网大发展的范畴之内。然而，移动互联网在移动终端、接入网络、应用服务、安全与隐私保护等方面还面临着一系列的挑战。其基础理论与关键技术的研究对于国家信息产业整体发展具有重要现实意义。

第三节　移动互联网新型业务模式

实现移动互联网服务需要同时具备移动终端、接入网络和运营商提供的业务三项基本条件，移动互联网与传统固定联网相比，其优势主要包括实现了随时随地通信和服务的获取，具有安全、可靠的认证机制，能及时获取用户及终端信息、业务端到端流程可控等；其劣势主要包括无线频谱资源的稀缺性、用户数据安全性和隐私性差、移动终端硬软件缺乏统一标准、业务互通性差等。

移动互联网弱化了原有互联网的优势，然而运营商受到了终端厂商和互联网公司的前后夹击，在计费模式、运营流程和协作模式等各方面面临挑战。同时，随着移动互联网的发展，通信产业已经形成了一种新型产业链。尽管目前通信运营商在该产业链中仍处于主导地位，但若其仍按照传统模式工作，将无法满足用户差异化和个性化需求，若无法实现定制服务，则其地位很可能会弱化通道的作用。该领域的主要研究包括如何设计合理的计费模式、研究高效的业务运营流程、研究不同厂商的协作模式、开发创新型的新业务等。

移动互联网业务是多种传统业务的综合体，而非简单的互联网业务的延伸，因而产生了创新的技术与产品和商业模式。

第一，创新的技术与产品。通过手机摄像头扫描商品条码并进行比价搜索、重力感应器和陀螺仪确定目前的方向和位置等，内嵌在手机中的各种传感器能够帮助开发

商开发出各种超越原有用户体验的产品。

第二，创新的商业模式。如“风靡全球的 App Store（苹果应用程序商店）+ 终端营销的商业”模式，以及将传统的位置服务与 SNS（社交网络服务）、游戏、广告等元素结合起来的应用系统等。

移动互联网与云计算、物联网或其他业务模式相融合。将现阶段流行的其他平台，如云计算、P2P（点对点网络借款）、物联网等与移动互联网进行有机融合，取长补短，将产生更大的能量。目前移动互联网面临终端计算能力匮乏、业务承载能力弱、互联互通成本高昂、服务质量受限等一系列问题，以低廉的价格提供按需定制服务的云计算，可以为解决上述问题提供一条可行途径。此外，物联网将用户端的触角延伸和扩展到了任何物品，实现了物物之间的信息交换和通信，若能将物联网与移动互联网技术进行融合，无疑可以进一步扩展移动互联网的应用领域，为移动互联网设计出更多创新型业务类型。同时，移动互联网及移动终端设备也是物联网实现智能控制的重要通道和关键构件。因此，物联网与移动互联网业务融合必然是未来互联网发展的一大趋势。

在市场特征方面，移动互联网不是一个统一的市场，这样产业链中某一方谁也不可能独占市场。商业模式的研究一定要考虑客户属性、业务形式、产业链参与者和市场特征。有研究者认为，产业联盟是移动互联网商业模式的核心。产业联盟承担起竞争规则制定者的角色，成为产业竞争格局的新主体，也是产业技术标准竞争的主导者。移动互联网商业运作模式可以分为以下 6 种：“终端 + 服务”一体化商业模式、“软件服务化”商业模式、广告商业模式、电信和广电双网运营商业模式、FON（英国通讯公司）类商业模式、传统移动增值商业模式等。

一、“终端＋服务”一体化商业模式

随着智能手机的普及，手机终端的网络化逐渐显现。终端从只能承载话音业务变成既能承载话音，又能传送数据、图片、视频等多媒体业务，并且可以连接互联网，进行收发邮件、移动办公、网上交易等，终端变成了多媒体信息收发的智能化信息终端。未来移动终端与应用的结合将非常紧密，“终端 + 业务”一体化模式成为未来移动互联网领域竞争的重要商业模式之一。

二、“软件服务化”商业模式

未来移动互联网在数据、语音等方面的增值服务产业将更多需要通过软件厂商与运营商的合作方式来实现。随着移动互联网领域新进入者在多方面展开较量，软件平台与应用服务的结合也将成为竞争的新焦点。未来移动互联网业务的产业链合作模式中将诞生“软件 + 服务”的联合模式。目前网络服务中以微软和 Google 为成功代表，从微软提出“S+S（Software+Services，即软件 + 服务）”的战略来看，该战略发展的四大支柱是体验、交付、联盟、聚合。Google 的 Desktop（桌面）和 Amazon（亚马逊）的 AWS（业务流程管理平台）都是“软件 + 服务”的代表产品。由此可知，在移动互联网领域的产品及服务模式发展过程中，软件服务化将是一个趋势，以手机软件平台为核心的应用服务在产业中将会起到越来越重要的推动作用。

三、广告商业模式

根据艾瑞咨询 2018 年 8 月的调研数据显示，高收入、高学历集中的用户特点为手机广告价值的传播提供了可能。手机门户网站正因其终端的私人化、随身性、随地性以及新媒体特性，日益成为广告业看好的新营销渠道。据市场调研公司 Marketing Sherpa 公布的一份关于 10 万美元广告经费投放意向的实验性研究报告显示，在各类网络新兴广告形式中，无线广告的受选率最高，达 9.6%，受访者（广告主）在拥有 10 万美元广告预算的情况下，与互联网各种新型广告形式相比，接近 10% 的广告主会投放无线广告。手机广告处于非常重要的战略地位。对于移动搜索和移动广告业务来说，移动运营商作为平台运营商基本不收取用户的使用费用，甚至还补贴费用，它主要通过向广告商收费来弥补这一损失，以此来赢利。

四、电信与广电双网运营商业模式

电信和广电的双网结合无疑是移动互联网发展的一大商业模式。现行的手机电视采用的是 CMMB（中国移动多媒体广播）网络标准，CMMB 网络标准有着明显的优势，一是 CMMB 网络有大量丰富多彩的内容；二是 CMMB 网络的一些电视节目是免费的，有利于吸引用户。然而现阶段的 CMMB 网络只有下行通道，没有上行通道，还不能实现互动点播。因此，以后的发展方向是光电运营商与移动运营商进行合作，这样，既可以向用户提供大量内容资源，还可以实现用户的内容点播互动。双网合作不仅有利于满足用户的多样化与个性化需求，还有助于移动互联网产业的快速和良性发展，必将为 3G 业务的发展起到推动作用。

五、FON类商业模式

FON（英国通讯公司）类商业模式的基本原理是，如果用户愿意跟别人共享自己付费获得的无线网络接入点，就能够使用其他用户的接入点，从而形成一个覆盖相当可观的 Wi-Fi。拥有连接宽带网络的无线网络路由器的人，只要在路由器中安装 FON 固件就可以加入FON 网络。注册 FON 的用户叫作 Fonem 或 Fonera(英国通讯公司用户)。如果在 FON 模式的基础上购买 Femtocell（飞蜂窝）家庭基站，就形成了 FON+Femtocell（英国通讯公司 + 飞蜂窝家用基站）的商业模式。那么登录移动互联网就可以绕过移动运营商。FON+Femtocell 商业模式是一种全新的运营模式。

六、传统移动增值商业模式

在产业的价值链中，与运营商关系最为密切的利益相关者是客户、SP/CP（服务提供商 / 内容提供商）、终端制造商和设备 / 软件提供商，其中，SP/CP 与运营商之间的竞合博弈关系仍将是移动互联网产业链中最重要的环节。在3G时代，应用与内容领域是移动互联网产业发展的焦点，移动运营商与SP/CP的竞合策略成败将关系移动互联网的繁荣。保证移动互联网的公平开放环境，为价值链成员提供合理的商业模式，是整个产业链竞合健康发展的重要前提。移动运营商要发挥产业链上的主导地位，加大对产业链的整合力度，通过与第三方合作来开发更加丰富的应用服务。只有引入新的外力，才可谋求更有利的态势，让运营商从原来的监管和规划转变成引导和支持，真正做到泛行业合作、清晰分配利益和对参与合作的不同伙伴进行准确的价值定位，这样才能使移动互联网产业进入一个新的发展阶段。几乎所有的研究者都认为，3G之后的移动互联网时代，移动运营商的“围墙花园”商业模式也正在被打破。

七、电信运营商主导模式

电信运营商作为移动电产商务中主要的网络提供者和支撑者，主导的是“通道+平台”的商业模式。作为电信运营商，其在移动电子商务产业链中有若无人可及的优势。电信运营商处于信息传递的核心位置，拥有规模庞大的潜在用户，具备广泛的信息通道。电信运营商在主导移动电子商务方面也有着无法克服的劣势：不具备专业化运营团队，不具备电子商务运营的经验。这些劣势单凭运营商自身很难在短期内解决。针对移动电子商务的挑战，电信运营商可以充分利用自己的网络及技术优势，并凭借广大的用户群与产业链中的应用提供商及商户合作，利用应用提供商的运营经验，借助商户的丰富营销经验，进行创新，实现互惠共赢。

八、传统电子商务提供商主导模式

传统电子商务提供商主导的是“品牌+运营”的商业模式。在移动电子商务中，传统电子商务提供商的优势在于具备传统电子商务运营、管理经验，拥有商品渠道、仓储的储备实力，还具备多年以来在广大用户中形成的品牌形象。因此，传统电子商务提供商仅需将手机作为用户接入通道，即可为自身带来源源不断的客户和订单。目前，在市场上已经运营成熟的平台，包括淘宝网、当当网、Amazon（亚马逊）、Ebay（易贝）都属于此种商业模式。

传统电子商务提供商最大的劣势在于不掌控网络，仅把手机作为一个接入渠道，并未充分挖掘及发挥其巨大的潜力；同时受限于其原来的积累，不能主动进行创新，这显然无法满足移动电子商务中用户的多样需求。在未来移动电子商务的发展中，传统电子商务提供商若想走得更远，其只有利用自己的运营经验、渠道及物流实力以及电信运营商合作，各取所需，方能吸引更多用户为自己带来更多利益。

九、设备提供商主导模式

设备提供商（设备制造商）做为市场上的主要设备提供者（移动设备制造者），主导的是“设备+服务”的商业模式。这种模式的优势在于为第三方软件的提供者提供了方便而又高效的软件销售平台，使得第三方软件的提供者参与其中的积极性空前高涨，满足了手机用户们对个性化软件的需求，从而使得手机软件业开始进入一个高速、良性发展的轨道。但这种模式的劣势在于设备制造商需要具备足够强的吸引力吸引用户使用设备，这种模式提供的商品仅限于虚拟商品，对于消费者的消费行为影响有限，很难大规模复制发展。目前，全球也仅有苹果公司使用此模式并获得成功，且很难复制。

十、应用提供商主导模式

一些应用提供商以新兴移动电子商务提供商的身份作为移动电子商务的主导者，利用各种新技术并结合各式各样的奇思妙想，提出完全区别于传统电子商务的创新应用，通过应用来吸引用户，引导用户的消费模式。在应用为王的时代，以应用创新为导向会吸引用户，这是此模式的优势所在。但此模式的劣势在于应用提供商自身的力量不够强大，很多应用创新还需要产业链中的电信运营商、设备制造商乃至传统电子商务提供商的商户来配合才能完成。应用提供商若想凭借创新应用在未来的移动电子商务中独领风骚，除了不断地进行创新之外，更需要与运营商、设备商等合作伙伴合作，才能推动更多的移动电子商务创新应用发展，以此来谋求利益最大化。

第二章　5G 网基础构建

第一节　5G 概念

一、移动通信的演进背景

从美国贝尔实验室提出蜂窝小区的概念算起，移动通信系统的发展可以划分为几个“时代”。到 20 世纪 80 年代，移动通信系统实现了大规模的商用，可以被认为是真正意义上的 1G（The first generation，第一代）移动通信系统，1G 由多个独立开发的系统组成，典型代表有美国的 AMPS（Advanced Mobile Phone System，高级移动电话系统）和后来应用于欧洲部分地区的 TACS（Total Access Communications System，全址接入通信系统），以及 NMT（Nordic Mobile Telephony，北欧移动电话）等，其共同特征是采用 FDMA（Frequency Division Multiple Access，频分多址）技术，以及模拟调制语音信号。第一代系统在商业上取得了成功，但是模拟信号传输技术的弊端也日渐明显，包括频谱利用率低、业务种类有限、无高速数据业务、保密性差以及设备成本高等。为了解决模拟系统中存在的这些根本性技术缺陷，数字移动通信技术应运而生。

2G（The second generation，第二代）移动通信系统基于 TDMA（Time Division Multiple Access，时分多址）技术，以传输语音和低速数据业务为目的，因此又称为窄带数字通信系统，其典型代表是美国的 DAMPS（Digital AMPS，数字化高级移动电话系统）、IS-95 和欧洲的 GSM（Global System for Mobile Communication，全球移动通信）系统。数字移动通信网络相对于模拟移动通信，提高频谱利用率，支持针对多种业务的服务。80 年代中期开始，欧洲首先推出了 GSM 体系，随后，美国和日本也制订了各自的数字移动通信体制。其中，GSM 使得全球范围的漫游首次成为可能，是一个可互操作的标准，由此被广为接受；进一步，由于第二代移动通信以传输语音和低速数据业务为目的，从 1996 年开始，为了解决中速数据传输问题，又出现了 2.5 代的移动通信系统，如GPRS（General Packet Radio Service，通用分组无线服务技术）、EDGE（Enhanced Data Rate for GSM Evolution，增强型数据速率GSM演进技术）和IS-95B。这一阶段的移动通信主要提供的服务仍然是针对语音以及低速率数据业务，但由于网络的发展，数据和多媒体通信的发展势头很快，由此逐步出现了以移动宽带多媒体通信为目标的第三代移动通信。

在20世纪90年代2G系统蓬勃发展的同时，在世界范围内已经开始了针对3G（The third generation，第三代）移动通信系统的研究热潮。3G最早由ITU（国际电信联盟）于1985年提出，当时称为FPLMTS（Future Public Land Mobile Telecommunication System，未来公众陆地移动通信系统），1996年更名为IMT-2000（International Mobile Telecommunication-2000），意即该系统工作在2000 MHz频段，最高业务速率可达2000 kbit/s。3G的主要通信制式包括欧洲、日本等地区主导的WCDMA（Wideband Code Division Multiple Access，宽带码分多址）、美国的CDMA2000和中国提出的TD-SCDMA，影响范围最广的当属基于码分多址的宽带CDMA思路的WCDMA。针对WCDMA的研究工作最初是在多个国家和地区并行开展的，直到1998年底3GPP（3rd Generation Partnership Project，第三代合作伙伴计划）成立，WCDMA才结束了各个地区标准独自发展的情况。WCDMA面向后续系统演进出现了HSDPA（High Speed Downlink Packet Access，高速下行分组接入）/HSUPA（High Speed Uplink Packet Access，高速上行分组接入）系统架构，其峰值速率可以达到下行14.4 Mbit/s，而后又进一步发展的HSPA+，可达到下行42 Mbit/s/上行22 Mbit/s的峰值速率，仍广泛应用于现有移动通信网络中。

目前对移动通信发展最有影响力的组织之一的3GPP，在进行WCDMA系统的演进研究工作和标准化的同时，随后继续承担了LTE（Long Term Evaluation）/LTE-Advanced等系统的标准制定工作，对移动通信标准的发展起到至关重要的作用。3GPP的成员单位包括ARIB（日本无线工业及商贸联合会）（日本）、CCSA（中国通信标准化协会）（中国）、ETSI（欧洲电信标准化协会）（欧洲）、ATIS（世界无线通信解决方案联盟）（美国）、TTA（电信技术协会）（韩国）和TTC（电信技术委员会）（日本）等。另外，除了3GPP，3GPP2（3rd Generation Partnership Project 2，第三代合作伙伴计划2）和IEEE（Institute of Electrical and Electronics Engineers，电气与电子工程师协会）也是目前国际上重要的标准制定组织。

在移动通信系统的发展过程中，国际电信联盟的ITU-R（国际电信联盟无线通信委员会）作为监管机构起到了至关重要的作用，ITU-R WP5D（working party 5D）定义了国际上包括3G和4G（The fourth Generation，第四代）移动通信系统的IMT（International Mobile Telecommunications）系统，其中2010年10月确定的4G系统也称为IMT-Advanced，包括了LTE-Advanced（3GPP Release10）以及IEEE 802.16m等。ITU-R WP5D定义4G与定义3G的过程相似，首先提出面向IMT-Advanced研究的备选技术、市场预期、标准准则、频谱需求和潜在频段，而后基于统一的评估方法，根据需求指标来评估备选技术方案。为满足ITU的需求指标，3GPP提交的4G候选技术是LTE-Advanced（Release 10），非LTE（Release 8），所以严格意义上说

LTE 并非 4G。从技术框架来看，LTE-Advanced 是 LTE 的演进系统，一脉相承地基于 OFDMA（Orthogonal Frequency Division Multiple Access，正交频分多址）的多址方式，满足如下技术指标：100 MHz 带宽；峰值速率：下行 1 Gbit/s，上行 500 Mbit/s；峰值频谱效率：下行 30 bit/s/Hz，上行 15 bit/s/Hz。在 LTE 的 OFDM/MIMO（Multiple-Input Multiple-Output，多入多出技术）等关键技术基础上，LTE-Advanced 进一步包括频谱聚合、中继、CoMP（Coordinated multiple point，多点协同传输）等。

从 1G 到 4G 的发展脉络可见，移动通信的每一次更新换代都解决了当时的最主要需求。如今，移动互联网和物联网的蓬勃发展使大家都相信，在 2020 年，需要无线通信系统新的革新来满足业务量提升带来的巨大的数据传输需求，各个国家地区也都在 ITU-R WP5D 工作组提出了 5G（The fifth generation，第五代）移动通信系统的构想，在 IMT-Advanced 之后，ITU-R 已经针对名为 IMT-2020 的 5G 系统开始征集意见并开展相关的研究工作。

二、5G的诞生

在过去，移动通信经历了从语音业务到高速宽带数据业务的飞跃式发展。未来，人们对移动网络的新需求将进一步增加：一方面，预计未来 10 年移动网络数据流量将呈爆发式增长，为 2020 年的数百倍或更多，尤其是在智能手机成功占领市场之后，越来越多的新服务不断涌现，例如电子银行、网络化学习、电子医疗以及娱乐点播服务等；另一方面，我们在不远的将来会迎来一次规模空前的移动物联网产业浪潮，车联网、智能家居、移动医疗等将会推动移动物联网应用爆发式的增长，数以千亿的设备将接入网络，实现真正的“万物互联”；同时，移动互联网和物联网将相互交叉形成新型“跨界业务”，带来海量的设备连接和多样化的业务和应用，除了以人为中心的通信以外，以机器为中心的通信也将成为未来无线通信的一个重要部分，从而大大改善人们的生活质量、办事效率和安全保障，因以人为中心的通信与以机器为中心的通信的共存，服务特征多元化也将成为未来无线通信系统的重大挑战之一。

需求的爆炸性增长给未来无线移动通信系统在技术和运营等方面带来巨大挑战，无线通信系统必须满足许多多样化的要求，包括在吞吐量、时延和链路密度方面的要求，以及在成本、复杂度、能量损耗和服务质量等方面的要求。由此，针对 5G 系统研究应运而生。

近年来，在经历了移动通信系统从 1G 到 4G 的更替之后，移动基站设备和终端计算能力有了极大提升，集成电路技术得到快速发展，通信技术和计算机技术深度融合，各种无线接入技术逐渐成熟并规模应用。可以预见，对于未来的 5G 系统，不能再用某项单一的业务能力或者某个典型技术特征来定义，而应是面向业务应用和用户体验的智能网络，通过技术的演进和创新，满足未来包含广泛数据和连接的各种业务快速发展的需要，提升用户体验。

在世界范围内，已经涌现了多个组织对 5G 开展积极的研究工作，例如欧盟的 METIS、5GPPP、中国的 IMT-2020（5G）推进组、韩国的 5G Forum、NGMN、日本的 ARIB Ad-Hoc 以及北美的一些高校等。

欧盟已早在 2012 年 11 月就正式宣布成立面向 5G 移动通信技术研究的 METIS（Mobile and Wireless Communications Enablers for the Twenty-Twenty（2020）Information Society）项目。该项目由 29 个成员组成，其中包括爱立信（组织协调）、法国电信等主要设备商和运营商、欧洲众多的学术机构以及德国宝马公司。项目时间为 2012 年 11 月 1 日至 2015 年 4 月 30 日，共计 30 个月，其目标是在无线网络的需求、特性和指标上达成共识，为建立 5G 系统奠定基础，取得在概念、雏形、关键技术组成上的统一意见。METIS 认为未来的无线通信系统应实现以下技术目标：在总体成本和能耗处在可接受范围的前提下，容量稳定增长，提高效率；能够适应更大范围的需求，包括大业务量和小业务量；另外，系统应具备多功能性，来支持各种各样的需求（例如可用性、移动性和服务质量）和应用场景。为达到以上目标，5G 系统应较现有网络实现 1000 倍的无线数据流量、10 ~ 100 倍的连接终端数、10 ~ 100 倍的终端数据速率、端到端时延降低到现有网络的 1/5 以及实现 10 倍以上的电池寿命。METIS 设想这样一个未来——所有人都可以随时随地获得信息、共享数据、连接到任何物体。这样"信息无界限"的"全联接世界"将会大大推动社会经济的发展和增长。METIS 已发布多项研究报告，近期发布的《Final report on architecture》，对 5G 整体框架的设定具有参考意义。

另外，欧盟于 2013 年 12 月底宣布成立 5GPPP（5G Infrastructure Public-Private Partnership），作为欧盟与未来 5G 技术产业共生体系发展的重点组织，5GPPP 由多家电信业者、系统设备厂商以及相关研究单位共同参与，其中包括爱立信、阿尔卡特朗讯、法国电信、英特尔、诺基亚、意大利电信、华为等。可认为 5GPPP 是欧盟在 METIS 等项目之后面向 2020 年 5G 技术研究和标准化工作而成立的延续性组织，5GPPP 将借此确保欧盟在未来全球信息产业竞争中的领导者地位。5GPPP 的工作分为三个阶段：包括阶段一（2014 ~ 2015 年）基础研究工作，阶段二（2016 ~ 2017 年）系统优化以及阶段三（2017 ~ 2018 年）大规模测试。在 2014 年初，5GPPP 也已由多家参与者共同提出一份 5G 技术规格发展草案，其中主要定义了未来 5G 技术重点，包括在未来 10 年中，电信与信息通信业者将可通过软件可编程的方式往共同的基础架构发展，网络设备资源将转化为具有运算能力的基础建设。与 3G 相比，5G 将会提供更高的传输速度与网络使用效能，并可通过虚拟化和软件定义网络等技术，以便运营商得以更快速更灵活地应用网络资源提供服务等。

与此同时，由运营商主导的 NGMN（Next Generation Mobile Networks）组织也已经开始对 5G 网络开展研究，并发布 5G 白皮书：《Executive Version of the 5G White Paper》。NGMN 由包括中国移动、DoCoMo（都科摩）、沃达丰、Orange、Sprint、KPN 等运营商发起，其发布的 5G 白皮书从运营商角度对 5G 网络的用户感受、系统性能、设备需求、先进业务及商业模式等进行阐述。

中国在 2013 年 2 月由中国工业和信息化部、国家发展和改革委员会、科学技术部联合推动成立 IMT-2020（5G）推进组，其组织框架基于原中国 IMT-Advanced 推进组，成员包括中国主要的运营商、制造商、高校和研究机构，目标是成为聚合中国产学研

用力量，推动中国第五代移动通信技术研究和开展国际交流与合作的主要平台。IMT-2020（5G）推进组的组织架构如图 2-1 所示，定期发布关于 5G 的研究进展报告，已发布《IMT-2020（5G）推进组：5G 愿景与需求白皮书》，提出“信息随心至，万物触手及”的 5G 愿景、关键能力指标以及 5G 典型场景。2015 年 2 月发布《5G 概念白皮书》，认为从移动互联网和物联网主要应用场景、业务需求及挑战出发，可归纳出连续广域覆盖、热点高容量、低功耗大连接和低时延高可靠四个 5G 主要技术场景。2015 年 5 月发布《5G 网络技术架构白皮书》和《5G 无线技术架构白皮书》，认为 5G 技术创新主要来源于无线技术和网络技术两方面，无线技术领域中大规模天线阵列、超密集组网、新型多址和全频谱接入等技术已成为业界关注的焦点；在网络技术领域，基于软件定义网络（SDN）和网络功能虚拟化（NFV）的新型网络架构取得广泛共识。

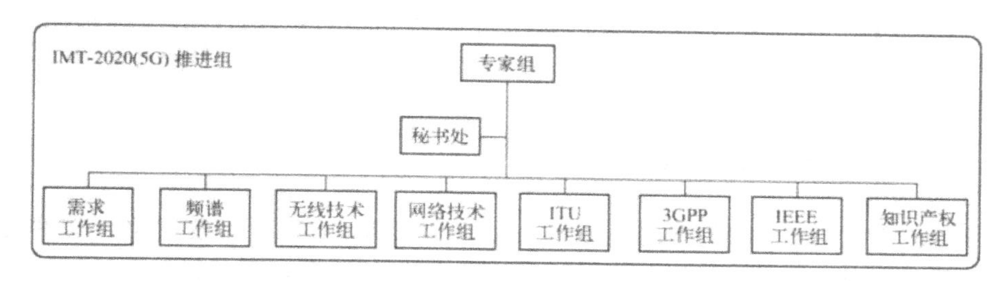

图 2-1　IMT-2020（5G）推进组组织架构

此外，国内的 Future 论坛也在积极开展 5G 系统的相关技术研究，韩国、日本也已有相应的研究组织开展工作，纵观目前全球 5G 研究进展可以看出，全球 5G 组织研究的热点技术趋同。面向无线通信标准化，ITU-R WP5D 已给出了关于 IMT-2020 的研究计划（见图 2-2），按此时间点，全球各研究组织和机构将会提交代表各自观点的技术文稿。另外，3GPP 也将在 Release 14 开始对 5G 系统的标准化定义工作。

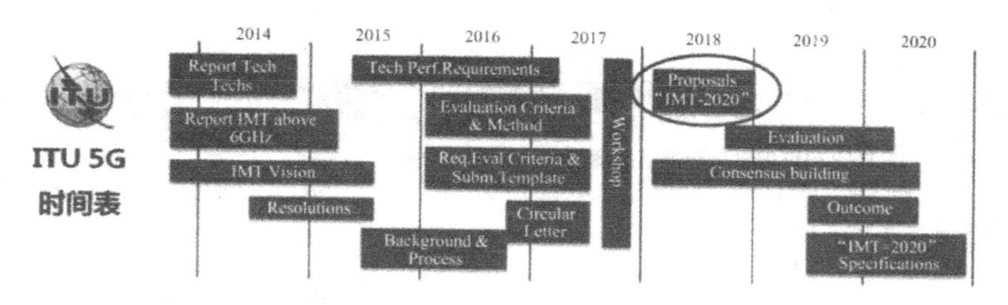

图 2-2　ITU-R WP5D 关于 IMT-2020 的研究计划

第二节　5G 需求

一、5G驱动力：移动互联网/物联网飞速发展

针对移动互联网和物联网等新型业务发展需求，5G 系统需要满足各种业务类型和应用场景。一方面，随着智能终端的迅速普及，移动互联网在过去的几年中在世界范

围内发展迅猛，未来，移动互联网将进一步改变人类社会信息的交互方式，为用户提供增强现实、虚拟现实等更加身临其境的新型业务体验，从而带来未来移动数据流量的飞速增长；另一方面，物联网的发展将传统人与人通信扩大到人与物、物与物的广泛互联，届时智能家居、车联网、移动医疗、工业控制等应用的爆炸式增长，将带来海量的设备连接。

在保证设备低成本的前提下，5G 网络需进一步解决以下几个方面的问题。

（一）服务更多的用户

展望未来，在互联网发展中，移动设备的发展将继续占据绝对领先的地位。随着移动宽带技术的进一步发展，移动宽带用户数量和渗透率将继续增加。与此同时，随着移动互联网应用和移动终端种类的不断丰富，在 2020 年人均移动终端的数量将达到 3 个左右，这就要求 2020 年，5G 网络能为超过 150 亿的移动宽带终端提供高速的移动互联网服务。

（二）支持更高的速率

移动宽带用户在全球范围的快速增长，以及如即时通信、社交网络、文件共享、移动视频、移动云计算等新型业务的不断涌现，带来了移动用户对数据量和数据速率需求的迅猛增长。据 ITU 发布的数据预测，相比于 2020 年，2030 年全球的移动业务量将飞速增长，达到 5000EB/ 月。

相对应地，未来 5G 网络还应能够为用户提供更快的峰值速率，若以 10 倍于 4G 蜂窝网络峰值速率计算，5G 网络的峰值速率将达到 10 Gbit/s 量级。

（三）支持无限的连接

随着移动互联网、物联网等技术的进一步发展，未来移动通信网络的对象将呈现泛化的特点，它们在传统人与人之间通信的基础上，增加了人与物（如智能终端、传感器、仪器等）、物与物之间的互通。不仅如此，通信对象还具有泛在的特点，人或者物可以在任何的时间和地点进行通信。因此，未来 5G 移动通信网将变成一个能够让任何人和任何物，在任何时间和地点都可以自由通信的泛在网络，如图 2-3 所示。

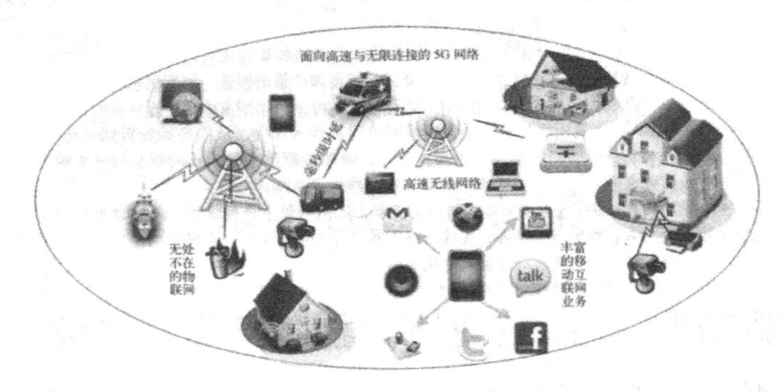

图 2-3　未来面向高速与无限连接的 5G 网络

近年来，国内外运营商都已开始在物联网应用方面开展了新的探索和创新，已出现的物联网解决方案，例如智慧城市、智能交通、智能物流、智能家居，智能农业、智能水利、设备监控、远程抄表等，都致力于改善人们的生产和生活。随着物联网应用的普及以及无线通信技术及标准化进一步的发展，2020 年，全球物联网的连接数达到 1000 亿左右。在这个庞大的网络中，通信对象之间的互联和互通不仅能够产生无限的连接数，还会产生巨大的数据量。

（四）提供个性的体验

随着商业模式的不断创新，未来移动网络将推出更为个性化、多样化、智能化的业务应用。因此，这就要求未来 5G 网络进一步改善移动用户体验，如汽车自动驾驶应用要求将端到端时延控制在毫秒级、社交网络应用需要为用户提供永远在线体验，以及为高速场景下的移动用户提供全高清 / 超高清视频实时播放等体验。

因此，未来 5G 移动通信系统要求在确保低成本、传输的安全性、可靠性、稳定性的前提下，能够提供更高的数据速率、服务更多连接数和获得更好的用户体验。

二、运营需求

（一）建设5G“轻形态”网络

移动通信系统 1G 到 4G 的发展是无线接入技术的发展，也是用户体验的发展。每一代的接入技术都有自己鲜明的特点，同时每一代的业务都给予用户更全新的体验。然而，在技术发展的同时，无线网络已经越来越“重”，包括：

1.“重”部署

基于广域覆盖、热点增强等传统思路的部署方式对网络层层加码，另外泾渭分明的双工方式，以及特定双工方式与频谱间严格的绑定，加剧了网络之重（频谱难以高效利用、双工方式难以有效融合）。

2.“重”投入

无线网络越来越复杂使得网络建设投入加大，从而导致投资回收期长，同时对站址条件的需求也越来越高；另外，很多关键技术的引入对现有标准影响较大、实现复杂，从而使得系统达到目标性能的代价变高。

3.“重”维护

多接入方式并存，新型设备形态的引入带来新的挑战，技术复杂使得运维难度加大，维护成本增高；无线网络配置情况愈加复杂，一旦配置则难以改动，难以适应业务、用户需求快速发展变化的需要。

在 5G 阶段，因为需要服务更多用户、支持更多连接、提供更高速率以及多样化用户体验，网络性能等指标需求的爆炸性增长将使网络更加难以承受其“重”。为应对在 5G 网络部署、维护及投资成本上的巨大挑战，对 5G 网络的研究应总体致力于建设满足部署轻便、投资轻度、维护轻松、体验轻快要求的“轻形态”网络，其应具备以下的特点。

（1）部署轻便

基站密度的提升使得网络部署难度逐渐加大，轻便的部署要求将对运营商未来网络建设起到重要作用。在5G的技术研究中，应考虑尽量降低对部署站址的选取要求，希望以一种灵活的组网形态出现，同时应具备即插即用的组网能力。

（2）投资轻度

结合既有网络投入方面考虑，在运营商无线网络的各项支出中（见图2-4），OPEX（Operating Expense，运营性支出）占比显著，但CAPEX（Capital Expenditure，资本性支出）仍不容忽视，其中设备复杂度、运营复杂度对网络支出影响显著。随着网络容量的大幅提升，运营商的成本控制面临巨大挑战，未来网络必须要有更低的部署和维护成本，那么在技术选择时应注重降低两方面的复杂度。

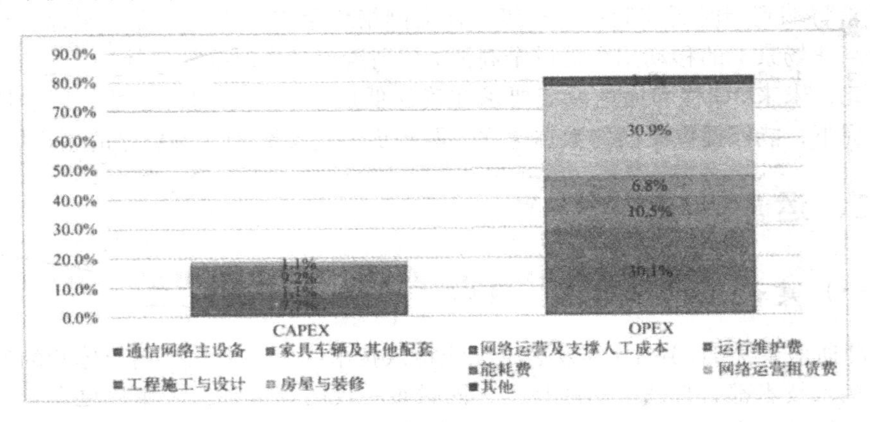

图2-4　运营商无线网络支出构成示例

新技术的使用一方面要有效控制设备的制造成本，可以采用新型架构等技术手段降低网络的整体部署开销；另一方面还需要降低网络运营复杂度，以便捷的网络维护和高效的系统优化来满足未来网络运营的成本需求；应尽量避免基站数量不必要的扩张，尽量做到站址利旧，基站设备应尽量轻量化、低复杂度、低开销、采用灵活的设备类型，在基站部署时应能充分利用现有网络资源，采用灵活的供电与回传方式。

（3）维护轻松

随着3G的成熟和4G的商用，网络运营已经出现多网络管理和协调的需求，在未来5G系统中，多网络的共存和统一管理都将是网络运营面临的巨大挑战。为了简化维护管理成本，也为了统一管理提升用户体验，智能的网络优化管理平台将是未来网络运营的重要技术手段。

此外，运营服务的多样性，如虚拟运营商的引入，对业务QoS（Quality of Service，服务质量）管理及计费系统会带来影响。因而相比既有网络，5G的网络运营应能实现更加自主、更加灵活、更低成本和更快适应地进行网络管理与协调，要在多网络融合和高密复杂网络结构下拥有自组织的灵活简便的网络部署以及优化技术。

（4）体验轻快

网络容量数量级的提升是每一代网络最鲜明的标志和用户最直观的体验，然而5G

网络不应只关注用户的峰值速率和总体的网络容量，更需要关心的是用户体验速率，要小区去边缘化以给用户提供连续一致的极速体验。此外，不同的场景和业务对时延、接入数、能耗、可靠性等指标有不同的需求，不可一概而论，而是应该因地制宜地全面评价和权衡。总体来讲，5G 系统应能够满足个性、智能、低功耗的用户体验，具备灵活的频谱利用方式、灵活的干扰协调/抑制处理能力，移动性性能得到进一步的提升。

另外，移动互联网的发展带给用户全新的业务服务，未来网络的架构和运营要向着能为用户提供更丰富的业务服务方向发展。网络智能化，服务网络化，利用网络大数据的信息和基础管道的优势，带给用户更好的业务体验，游戏发烧友、音乐达人、微博控以及机器间通信等，不同的用户有不同的需求，更需要个性化的体验。未来网络架构和运营方式应使得运营商能够根据用户和业务属性以及产品规划，灵活自主地定制网络应用规则和用户体验等级管理等。同时，网络也应具备智能化认知用户使用习惯，并能根据用户属性提供更加个性化的业务服务。

（二）业务层面需求

1. 支持高速率业务

无线业务的发展瞬息万变，仅从目前阶段可以预见的业务看，移动场景下大多数用户为支持全高清视频业务，需要达到 10 Mbit/s 的速率保证；对于支持特殊业务的用户，例如支持超高清视频，要求网络能够提供 100 Mbit/s 的速率体验；在一些特殊应用场景下，用户要求达到 10 Gbit/s 的无线传输速率，例如短距离瞬间下载、交互类 3D（3-Dimensions）全息业务等。

2. 业务特性稳定

无所不在的覆盖、稳定的通信质量是对无线通信系统的基本要求。由于无线通信环境复杂多样，仍存在很多场景覆盖性能不够稳定的情况，如地铁、隧道、室内深覆盖等。通信的可靠性指标可以定义为对于特定业务的时延要求下成功传输的数据包比例，5G 网络应要求在典型业务下，可靠性指标应能达到 99% 甚至更高；对于例如 MTC（Machine-Type Communication，机器类型通信）等非时延敏感性业务，可靠性指标要求可以适当降低。

3. 用户定位能力高

对于实时性的、个性化的业务而言，用户定位是一项潜在且重要的背景信息，在 5G 网络中，对于用户的三维定位精度要求应提出较高要求，例如对于 80% 的场景（比如室内场景）精度从 10m 提高到 1m 以内。在 4G 网络中，定位方法包括 LTE 自身解决方案以及借助卫星的定位方式，而在 5G 网络中可借助既有的技术手段，但应该从精度上做进一步的增强。

4. 对业务的安全保障

安全性是运营商提供给用户的基本功能之一，从基于人与人的通信到基于机器与机器的通信，5G 网络将支持各种不同的应用和环境，所以，5G 网络应当能够应对通信敏感数据有未经授权的访问、使用、毁坏、修改、审查、攻击等问题。此外，由于 5G 网络能够为关键领域如公共安全、电子保健和公共事业提供服务，5G 网络的核心要求应具备提供一组全面保证安全性的功能，用以保护用户的数据、创造新的商业机会，并防止或减少任何可能的网络安全的攻击。

（三）终端层面需求

无论是硬件还是软件方面，智能终端设备在5G时代都将面临功能和复杂度方面的显著提升，尤其是在操作系统方面，必然也会有持续的革新。另外，5G的终端除了基本的端到端通信之外，还可能具备其他的效用，例如成为连接到其他智能设备的中继设备，或者能够支持设备间的直接通信等。考虑目前终端的发展趋势以及对5G网络技术的展望，可以预见5G终端设备将具备以下特点。

1. 更强的运营商控制能力

对于5G终端，应该具备网络侧高度的可编程性和可配置性，比如终端能力、使用的接入技术、传输协议等；运营商应能通过空口确认终端的软硬件平台、操作系统等配置来保证终端获得更好的服务质量；另外，运营商可以通过获知终端关于服务质量的数据，比如掉话率、切换失败率、实时吞吐量等来进行服务体验的优化。

2. 支持多频段多模式

未来的5G网络时代，必将是多网络共存的时代，同时应考虑全球漫游，这就对终端提出了多频段多模式的要求。另外，为了达到更高的数据速率，5G终端需要支持多频带聚合技术，这与LTE-Advanced系统的要求是一致的。

3. 支持更高的效率

虽然5G终端需要支持多种应用，但其供电作为基本通信保障应有所保证，例如智能手机充电周期为3天，低成本MTC终端能达到15年，这就要求终端在资源和信令效率方面应有所突破，比如在系统设计时考虑在网络侧加入更灵活的终端能力控制机制，只针对性地发送必须的信令信息等。

4. 个性化

为满足以人为本、以用户体验为中心的5G网络要求，用户应可按照个人偏好选择个性化的终端形态、定制业务服务和资费方案。在未来网络中，形态各异的设备将大量涌现，如目前已经初见端倪的内置在衣服上用于健康信息处理的便携化终端、3D眼镜终端等，将逐渐商用和普及。另外，因为部分终端类型需要与人长时间紧密接触，所以终端的辐射需要进一步降低，以保证长时间使用不会对人身体造成伤害。

三、5G系统指标需求

（一）ITU-R指标需求

根据ITU-R WP5D的时间计划，不同国家、地区、公司在ITU-R WP5D第20次会上已提出面向5G系统的需求。综合各个提案以及会上的意见，ITU-R已于2015年6月确认并统一5G系统的需求指标（见表2-1）。

表 2-1　5G 系统指标

参数	用户速率	峰值速率	移动性	时延	连接密度	能量损耗	频谱效率	业务密度 / 一定地区的业务容量
指标	100 Mbit/s-1 Gbit/s	10-20 Gbit/s	500 km/h	1 ms（空口）	10^6/km^2	不高于 IMT-Advanced	3 倍于 IMT-Advanced	10 Mbit/s/m^2

从当前 ITU-R 统一的系统需求来看，并不能用单一的系统指标衡量 5G 网络，不同的指标需求应适应具体的典型场景，例如 5G 典型场景设计未来人们居住、工作、休闲和交通等各种领域，特别是密集住宅区（Gbit/s 的用户体验速率）、办公室（数十 Tbit/s/km^2 的流量密度）、体育场（1 百万 /km2 连接数）、露天集会（1 百万 /km^2 连接数）、地铁（6 人 /m^2 的超高用户密度）、快速路（毫秒级端到端时延）、高速铁路（500 km/h 以上的高速移动）和广域覆盖（100 Mbit/s 用户体验速率）等场景。

本章结合 NGMN 的分析方法，将以上指标分为用户体验和系统性能两个方面进行论述，具体来看各项需求指标，相比 IMT-Advanced 都有明显提升。

（二）用户体验指标

1.100 Mbit/s ~ 1 Gbit/s 的用户体验速率

本指标要求 5G 网络需要能够保证在真实网络环境下用户可获得的最低传输速率在 100 Mbit/s ~ 1 Gbit/s，例如在广域覆盖条件下，任何用户能够获得 100 Mbit/s 及以上速率体验保障。对于密集住宅区场景以及特殊需求用户和业务，5G 系统需要提供高达 1 Gbit/s 的业务速率保障，特殊需求指满足部分特殊高优先级业务（如急救车内高清医疗图像传输服务）的需求。相比于 IMT-Advanced 提出的 0.06 bit/s/Hz（城市宏基站小区）边缘用户频谱效率，该指标至少提升了十几倍。

2.500km/h 的移动速度

本指标指满足一定性能要求时，用户与网络设备双方向的最大相对移动速度，本指标的提出考虑了实际通信环境（例如高速铁路）的移动速度需求。

3.1 ms 的空口时延

端到端时延统计一个数据包从源点业务层面到终点业务层面成功接收的时延，IMT-Advanced 对时延要求为 10ms，毫秒级的端到端时延要求将面向快速路等特定场景，本指标对 5G 网络的系统设计提出很高的要求。

NGMN 针对具体应用场景对指标需求进行了细化，表 2-2 给出关于用户体验不同场景具体的指标需求。

表 2-2　用户体验指标需求

场景	用户体验数据速率	时延	移动性
密集地区的宽带接入	下行：300 Mbit/s 上行：50 Mbit/s	10 ms	0 ～ 100 km/h 或根据具体需求
室内超高宽带接入	下行：1 Gbit/s 上行：500 Mbit/s	10 ms	步行速度
人群中的宽带接入	下行：25 Mbit/s 上行：50 Mbit/s	10 ms	步行速度
无处不在的 50+ Mbit/s	下行：50 Mbit/s 上行：25 Mbit/s	10 ms	0 ～ 120 km/h
低 ARPU 地区的低成本宽带接入	下行：10 Mbit/s 上行：10 Mbit/s	50 ms	0 ～ 50 km/h
移动宽带（汽车，火车）	下行：50 Mbit/s 上行：25 Mbit/s	10 ms	高达 500 km/h 或根据具体需求
飞机连接	下行：每个用户 15 Mbit/s 上行：每个用户 7.5 Mbit/s	10 ms	高达 1000 km/h
大量低成本 / 长期的 / 低功率的 MTC	低（典型的 1 ～ 100 kbit/s）	数秒到数小时	0 ～ 50km/h
宽带 MTC	见“密集地区的宽带接入”和“无处不在的 50+Mbit/s”	10 ms	场景中的需求
超低时延	下行：50 Mbit/s 上行：25 Mbit/s	＜ 1 m	
业务变化场景	下行：0.1 ～ 1 Mbit/s 上行：0.1 ～ 1 Mbit/s	-	0 ～ 120 km/h
超高可靠性 & 超低时延	下行：50 kbit/s ～ 10 Mbit/s 上行：25k bit/s ～ 10 Mbit/s	1 ms	0 ～ 50 km/h
超高稳定性和可靠性	下行：10Mbit/s 上行：10 Mbit/s	10 ms	0 ～ 50 km/h 或根据具体需求
广播等服务	下行：高达 200 Mbit/s 上行：适中（如 500 kbit/s）	＜ 100 ms	0 ～ 50km/h

（三）系统性能指标

1.106/km² 的连接数密度

未来 5G 网络用户范畴极大扩展，随着物联网的快速发展，到 2022 年连接的器件数目将达到 1000 亿。这就要求单位覆盖面积内支持的器件数目将极大增长，在一些场景下单位面积内通过 5G 移动网络连接的器件数目达到 100 万 /km² 或更高，相对 4G 网络增长 100 倍左右，尤其在体育场及露天集会等场景，连接数密度是个关键性指标。这里，连接数指标针对的是一定区域内单一运营商激活的连接设备，“激活”指设备与网络间正交互信息。

2.10 ~ 20Gbit/s 的峰值速率

根据移动通信历代发展规律，5G 网络同样需要 10 倍于 4G 网络的峰值速率，即达到 10 Gbit/s 量级，在特殊场景，提出了 20 Gbit/s 峰值速率的更高要求。

3.3 倍于 IMT-Advanced 系统的频谱效率

ITU 对 IMT-Advanced 在室外场景下平均频谱效率的最小需求为 2 ~ 3 bit/s/Hz，通过演进及革命性技术的应用，5G 平均频谱效率相对于 IMT-Advanced 需要 3 倍的提升，解决流量爆炸性增长带来的频谱资源短缺。其中频谱效率的提升应适用于热点 / 广覆盖基站、低 / 高频段、低 / 高速场景。

小区平均频谱效率用 bit/s/Hz/ 小区来衡量，小区边缘频谱效率用 bit/s/Hz/ 用户来衡量，5G 系统中两个指标均应相应提升。

4. 10Mbit/s/m² 的业务密度

业务密度表征单一运营商在一定区域内的业务流量，适用于以下两个典型场景：①大型露天集会场景中，数万用户产生的数据流量；②办公室场景中，在同层用户同时产生上 Gbit/s 的数据流量。不同场景下的无线业务情况不同，相比 IMT-Advanced，5G 的这一指标更有针对性。

NGMN 针对具体应用场景对系统性能指标需求进行了细化，如表 2-3 所示。

表 2-3 系统性能指标需求

场景	连接密度	流量密度
密集地区的宽带接入	200 ～ 2500/km²	下行：750 Gbit/s/km² 上行：125Gbit/s/km²
室内超高宽带接入	75 000/km² （75/1000 m2 的办公室）	下行：15 Tbil/s/km² （15 Gbit/s/1000m²） 上行：ZTbit/s/km² （2 Gbit/s/1000 m²）
人群中的宽带接入	150 000/km² （30 000/ 体育场）	下行：3.75 Tbit/s/km² （下行：0.75 Tbit/s/ 体育场） 上行：7.5 Tbit/s/km² （1.5 Tbit/s/ 体育场）

续表

场景	连接密度	流量密度
无处不在的 50+Mbit/s	城郊 400/km^2 农村 100/km^2	下行：城郊 20 Gbit/s/km^2 上行：城郊 10 Gbit/s/km^2 下行：农村 5 Gbit/s/km^2 上行：农村 2.5 Gbit/s/km^2
低 ARPU（Average Revenue Per User，每用户平均收入）地区的低成本宽带接入	16/m^2	160 Mbit/s/km^2
移动宽带（汽车，火车）	2000/km^2 （4 辆火车每辆火车有 500 个活动用户，或 2000 辆汽车每辆汽车上有 1 个活动用户）	下行：100 Gbit/s/km^2 （每辆火车 25 Gbit/s，每辆汽车 50 Mbit/s） 上行：50Gbilt/s/km^2 （每辆火车 12 5 Gbit/s，每辆汽车 25 Mbit/s）
飞机连接	每架飞机 80 用户 每 18 000km^{2}60 架飞机	下行：1.2 Gbit/s/ 飞机 上行：600 Mbit/s 飞机
大量低成本 / 长期的 / 低功率的 MTC	高达 200 000/km^2	无苛刻要求
宽带 MTC	见“密集地区的宽带接入”和“无处不在的 50+Mbit/s”场景中的需求	
超低时延	无苛刻要求	可能高
业务变化场景	10 000/km^2	可能高
超高可靠性 & 超低时延	无苛刻要求	可能高
超高稳定性和可靠性	无苛刻要求	可能高
广播等服务	不相关	不相关

四、5G技术框架展望

为满足 5G 网络性能及效率指标，需在 4G 网络基础上聚焦无线接入和网络技术两个层面进行增强或革新，如图 2-5 所示。其中：

第一，为满足用户体验速率、峰值速率、流量密度、连接密度等需求，考虑空间域的大规模扩展，地理域的超密集部署、频率域的高带宽获取，以及先进的多址接入技术等无线接入候选技术。在定义无线空中接口技术框架时，应适应不同场景差异化的需求，应同时考虑 5G 新空口设计以及 4G 网络的技术演进两条技术路线。

第二，为满足网络运营的成本效率、能源效率等需求，考虑多网络融合、网络虚拟化、软件化等网络架构增强候选技术。

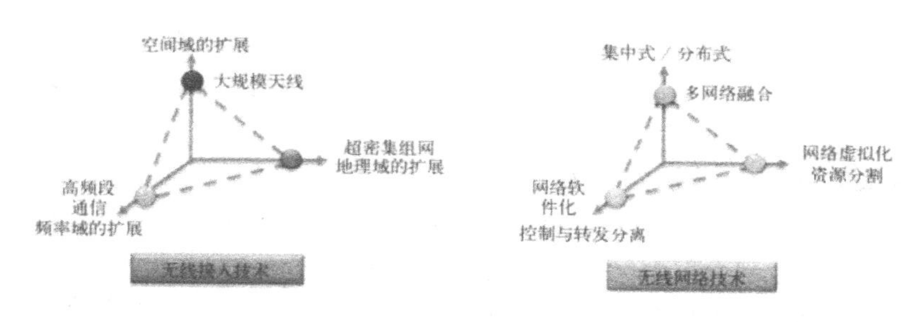

图 2-5 5G 技术路径

第三节 5G 网络架构

一、5G核心网演进方向

随着智能手机技术的快速演进，移动互联网爆发式增长已远超出其设计者最初的想象。互联网流量迅猛增长、承载业务日益广泛使得移动通信在社会生活中起到的作用越来越重要，但也使得诸如安全性、稳定性、可控性等问题越来越尖锐。面对这些随之而来的问题，当前的核心网网络架构已经无法满足未来网络发展的需求。传统的解决方案都是将越来越多的复杂功能，如组播、防火墙、区分服务、流量工程、MPLS（Multi-Protocol Label Switch，多协议标签交换）等，加入互联网体系结构中。这使得路由器等交换设备越来越臃肿且性能提升的空间越来越小，同时网络创新越来越封闭，网络发展开始徘徊不前。

另一方面，诸多新业务的引入也给运营商网络的建设、维护和升级带来巨大的挑战。运营商的网络是通过大型的不断增加的专属硬件设备来部署，即一项新网络服务的推出，通常需要将相应的硬件设备有效地引入并整合到网络中，而与之伴随的，就是设备能耗的增加、资本投入的增加以及整合和操作硬件设备的日趋复杂化。而且，随着技术的快速进步以及新业务的快速出现，硬件设备的生命周期也在变的越来越短，因此，现有的核心网网络架构则很难满足未来 5G 的需求。

而 SDN（Software Defined Network，软件定义网络）和 NFV（Network Function Virtualization，网络功能虚拟化）为解决以上问题提供了很好的技术方法。

（一）软件定义网络

SDN 诞生于美国 GENI（Global Environment for Networking Investigations）项目资助的斯坦福大学 Clean Slate 课题。SDN 并不是一个具体的技术，而是一种新型网络架构，是一种网络设计的理念。区别于传统网络架构，SDN 将控制功能从网络交换设备中分离出来，将其移入逻辑上独立的控制环境——网络控制系统中。该系统可在通用的服务器上运行，任何用户可随时、直接进行控制功能编程。因此，控制功能不再局限于路由器中，也不再局限于只有设备的生产厂商才能够编程和定义。SDN 正在成为整个行业瞩目的焦点，越来越多的业界专家相信其将给传统网络架构带来一场革命性的变革。

尽管学术界和工业界仍然没有对于 SDN 的明确定义，但根据 ONF（Open Networking Foundation，开放网络基金会）的规定，SDN 应具有以下三个特性：①控制面与转发面分离。②控制面集中化。③开放的可编程接口。

说到 SDN，就不能不提 OpenFlow。SDN 作为转发控制分离、集中控制和开放网络架构，是一个整体而又宽泛的概念，而 OpenFlow 是其转发面、控制面之间的一种南向接口。虽然并非唯一的接口，而且 OpenDayLight 等组织也提出另外一些南向接口，但不可否认的是，OpenFlow 仍是目前市场中最为主流的接口协议。

2012 年 4 月，ONF 发布了 SDN 白皮书，其中的 SDN 三层架构模型获得了业界广泛认可，如图 2-6 所示。

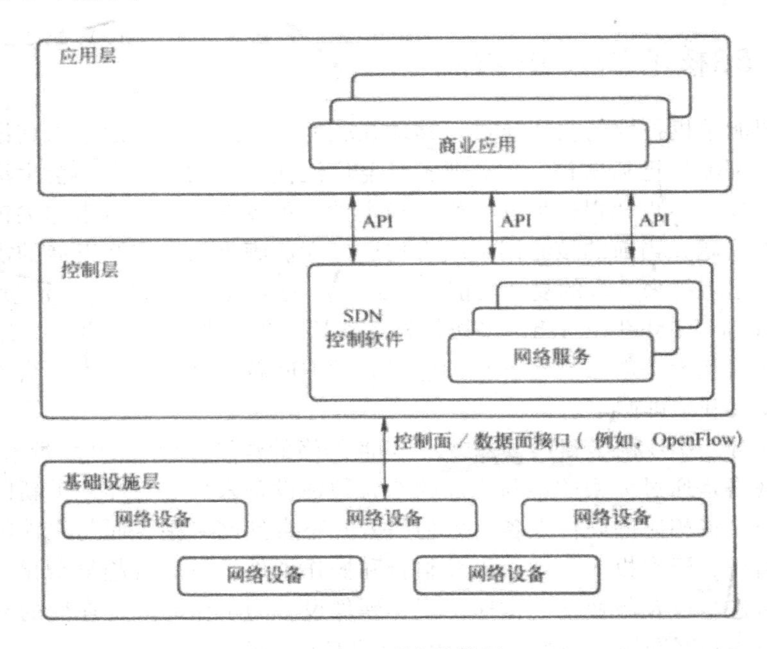

图 2-6　SDN 三层架构模型

在 SDN 中，网络控制层在逻辑上是集中的且已从数据层中分离出来，而保持全网视图的 SDN 控制器是网络的大脑。SDN 通过基于标准和厂商中立的开源项目简化了网络设计和操作，更进一步而言，通过动态自主的 SDN 编程，网络的运行可以随时动态配置、管理和优化，自适应地匹配不断变化的需求。

将 SDN 成功应用到运营商网络中，一方面可以极大简化运营商对网络的管理，解决传统网络中无法避免的一些问题，如缺乏灵活性、对需求变化响应速度缓慢、无法实现网络的虚拟化以及高昂的成本等；另一方面可以有效支持 5G 网络中急速增长的流量需求。基于开源 API（Application Programming Interface，应用程序编程接口）和网络功能虚拟化接口，SDN 可以将服务从底层的物理基础设施中分离出来，并推动一

个更加开放的无线生态系统。类似于无线 SDN 网络中的可编程切换、可编程基站和可编程网关将在 SDN 架构的蜂窝网中初露锋芒，同时会有更多的网络拓展功能如用户网络属性的可视化和空中接口的灵活自适应等将浮出水面。综上所述，SDN 会在未来 5G 网络中拥有光明的未来。

（二）网络功能虚拟化

2012 年 10 月，AT&T，Telefonica 等全球 13 家主流运营商发起并成立了 ETSI（欧洲电信标准组织）NFV 工作组，提出了 NFV（Network Function Virtualization，网络功能虚拟化）的概念。

运营商网络主要由专属电信设备组成。专属电信设备的主要优点是性能强、可靠性高、标准化程度高，但其存在的问题也比较明显：价格昂贵且对引入新业务的适配性较差。随着移动宽带业务的快速发展以及网络流量的迅猛增长，专属电信设备的这些缺点显得越来越明显，运营商迫切需要找到解决这些问题的方法。

可以说，NFV 就是由 ETSI 从运营商角度出发提出的一种软件和硬件分离的架构，主要是希望通过标准化的 IT（Information Technology，信息技术）虚拟化技术，采用业界标准的大容量服务器、存储和交换机承载各种各样的网络软件功能，实现软件的灵活加载，从而可以在数据中心、网络节点和用户端等不同位置灵活地部署配置，加快网络部署和调整的速度，降低业务部署的复杂度，提高网络设备的统一化、通用化、适配性等。由此带来的好处主要有两个，其一是标准设备成本低廉，能够节省部署专属硬件带来的巨大投资成本；其二是开放 API，能获得更灵活的网络能力。如图 2-7 所示为 ETSI NFV 工作组提出的 NFV 的目标。

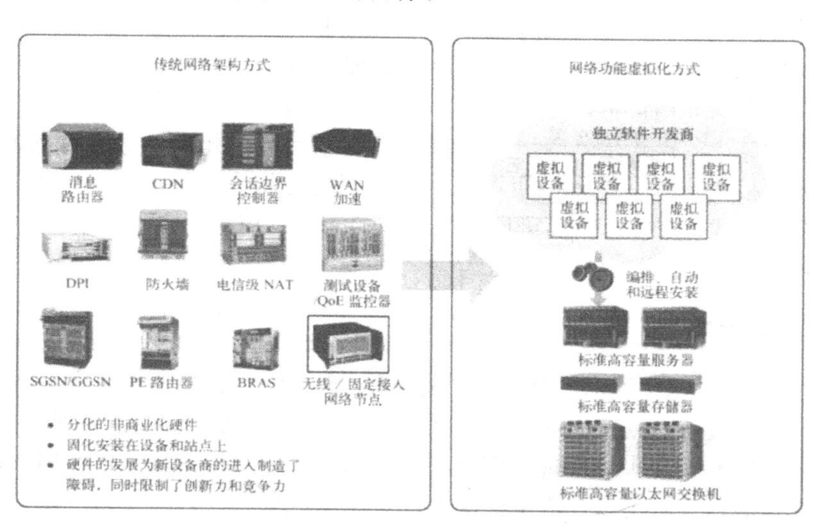

图 2-7 NFV 目标

此外，ETSI NFV 工作组还提出了 NFV 的架构框图，如图 2-8 所示。

其中，VNF 作为一个纯软件实现的网络功能，能够运行在 NFVI（NFV Infrastructure，NFV 基础设施）之上；NFVI 将硬件相关的 CPU/ 内存 / 硬盘 / 网络资源全面虚拟化；NFV负责对支持基础设施虚拟化的软硬件资源的生命周期管理和编排，以及对VNF（Virtualised Network Functions，虚拟网络功能）的生命周期管理。

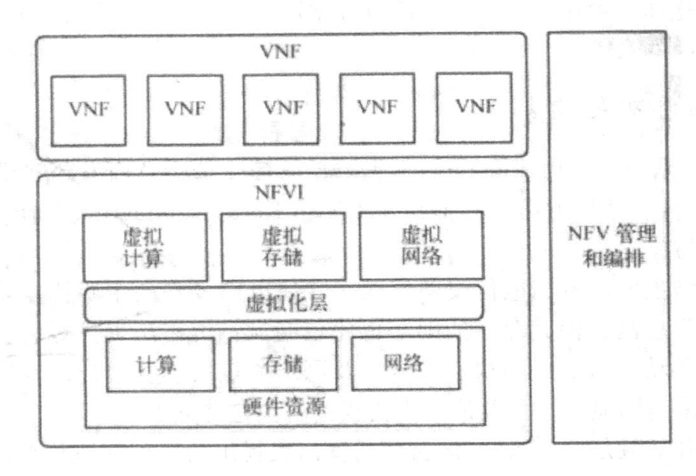

图2-8 NFV架构框图

二、5G无线接入网架构演进方向

为更好地满足5G网络的要求，除核心网架构需要进一步演进之外，无线接入网作为运营商网络的重要组成部分，也需要进行功能与架构的进一步优化与演进，以更好地满足5G网络的要求。

总体来讲，5G无线接入网将会是一个满足多场景的多层异构网络，能够有效地统一容纳传统的技术演进空口和5G新空口等多种接入技术，能够提升小区边缘协同处理效率并提升无线和回传资源的利用率。同时，5G无线接入网需要由孤立的接入管道转向支持多制式/多样式接入点、分布式和集中式、有线和无线等灵活的网络拓扑和自适应的无线接入方式，接入网资源控制和协同能力将大大提高，基站可实现即插即用式动态部署方式，方便运营商可以根据不同的需求及应用场景，快速、灵活、高效、轻便地部署适配的5G网络。

（一）多网络融合

无线通信系统从1G到4G，经历迅猛的发展，现实网络逐步形成包含无线制式多样、频谱利用广泛和覆盖范围全面的复杂现状，其中多种接入技术长期共存成为突出特征。

根据中国IMT-2020 5G推进组需求工作组的研究与评估，5G需要在用户体验速率、连接数密度和端到端时延以及流量密度上具备比4G更高的性能，其中，用户体验速率、连接数密度和时延是5G最基本的三个性能指标。同时，5G还需要大幅提升网络部署和运营的效率。相比于4G，频谱效率需要提升5～15倍，能效和成本效率需要提升百倍以上。

而在5G时代，同一运营商拥有多张不同制式网络的现状将长期共存，多种无线

接入技术共存会使得网络环境越来越复杂，例如，用户在不同网络之间进行移动切换时的时延更大。如果无法将多个网络进行有效的融合，上述性能指标，也包括用户体验速率、连接数密度和时延，将很难在如此复杂的网络环境中得到满足。因此，在 5G 时代，如何将多网络进行更加高效、智能、动态的融合，提高运营商对多个网络的运维能力和集中控制管理能力，并最终满足 5G 网络的需求和性能指标，是运营商迫切需要解决的问题。

在 4G 网络中，演进的核心网已经提供了对多种网络的接入适配。但是，在某些不同网络之间，特别是不同标准组织定义的网络之间，例如由 3GPP 定义的 E-UTRAN（Evolved Universal Terrestrial Radio Access Network，进化型统一陆地无线接入网络）和 IEEE（Institute of Electrical and Electronics Engineers，电气和电子工程师协会）定义的 WLAN（Wireless Local Area Networks，无线局域网络），缺乏网络侧统一的资源管理和调度转发机制，二者之间无法进行有效的信息交互和业务融合，对用户体验和整体的网络性能都有很大影响，比如网络不能及时将高负载的 LTE 网络用户切换到低负载的 WLAN 网络中，或者错误地将低负载的 LTE 网络用户切换到高负载的 WLAN 网络中，从而影响了用户体验和整体网络性能。

在未来 5G 网络中，多网络融合技术需要进一步优化和增强，并应考虑蜂窝系统内的多种接入技术（例如 3G、4G）和 WLAN（见图 2-9）。考虑当前 WLAN 在分流运营商网络流量负载中起到的越来越重要的作用，以及 WLAN 通信技术的日趋成熟，将蜂窝通信系统和 WLAN 进行高效的融合需要给予充分的重视。

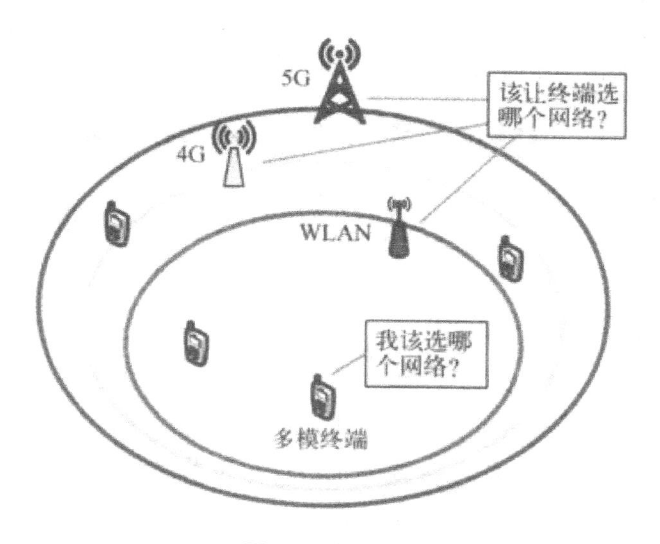

图 2-9　多网络融合场景

为了进一步提高运营商部署的 WLAN 网络的使用效率，提高 WLAN 网络的分流效果，3GPP 开展了 WLAN 与 3GPP 之间互操作技术的研究工作，致力于形成对用户透明的网络选择、灵活的网络切换与分流，以达到显著提升室内覆盖效果和充分利用 WLAN 资源的目的。

目前，WLAN 与 3GPP 的互操作和融合相关技术主要集中在核心网侧，包括非无缝和无缝两种业务的移动和切换方式，并在核心网侧引入一个重要的网元功能单元——ANDSF（Access Network Discovery Support Functions，接入网络发现和选择功能单元）。ANDSF 的主要功能是辅助用户发现附近的网络，同时提供接入的优先次序和管理这些网络的连接规则。用户利用 ANDSF 提供的信息，选择合适的网络进行接入。ANDSF 能够提供系统间移动性策略、接入网发现信息以及系统间路由信息等。然而，对运营商来说，这种机制尚不能充分提供对网络的灵活控制，例如对于接入网络的动态信息（如网络负载、链路质量、回传链路负荷等）难以顾及。为了使运营商能够对 WLAN 和 3GPP 网络的使用情况采取更加灵活、更加动态的联合控制，进一步降低运营成本，提供更好的用户体验，更有效地利用现有网络，并降低由于 WLAN 持续扫描造成的终端电量的大量消耗，3GPP 近年来对无线网络侧的 WLAN/3GPP 互操作方式也展开了研究以及相关标准化工作，并且在 3GPP 第 58 次 RAN（Radio Access Network，无线接入网）全会上正式通过了 WLAN/3GPP 无线侧互操作研究的 SI（Study Item，研究立项），在 3GPP 第 62 次 RAN 全会上进一步通过了 WLAN/3GPP 无线侧互操作研究的 WI（Work Item，工作立项）。目前，其在 3GPP Release 12 阶段的具体技术细节已经确定，标准制定工作已经基本完成。

WLAN/3GPP 无线侧互操作的研究场景仅考虑由运营商部署并控制的 WLAN AP（Access Point，接入点），且在每个 UTRAN/E-UTRAN 小区覆盖范围内可以同时存在多个 WLAN AP。考虑到实际的部署场景，该部分研究具体可考虑以下两种部署场景。

共站址场景（见图 2-10）。在该场景中，eNB（evolved Node B，演进基站）与 WLAN AP 位于同一地点，并且二者之间可以通过非标准化的接口进行信息的交互和协调。

场景（见图 2-11）在该场景中，eNB 与 WLAN AP 位于不同地点，并且二者之间没有 RAN 层面的信息的交互和协调。

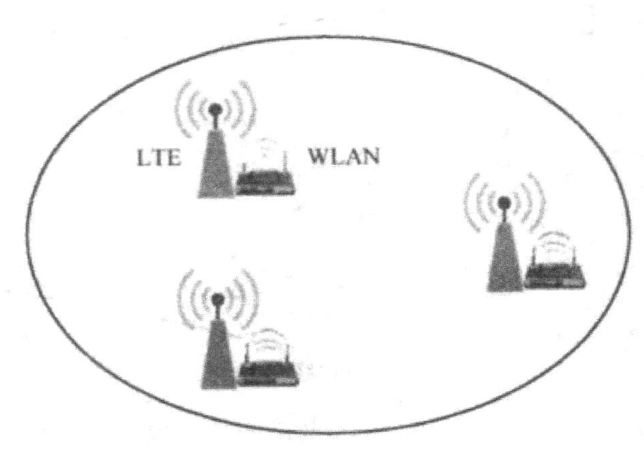

图 2-10　共站址场景

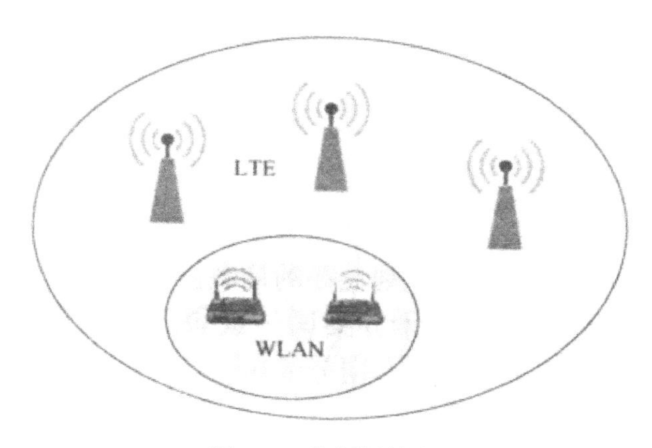

图 2-11 非共站址场景

在 WLAN/3GPP 无线侧互操作技术的 SI 期间，共提出了三种 WLAN 和 E-UTRAN/UT-RAN 在无线侧的互操作方案。

方案一：RAN 侧通过广播信令或者专用信令提供分流辅助信息给 UE（User Equipment，用户设备）。UE 利用 RAN 侧提供的分流辅助信息、UE 的测量信息、WLAN 提供的信息，以及从核心网侧 ANDSF 获得的策略，并将业务分流到 WLAN 或者 RAN 侧，如图 2-12 所示。

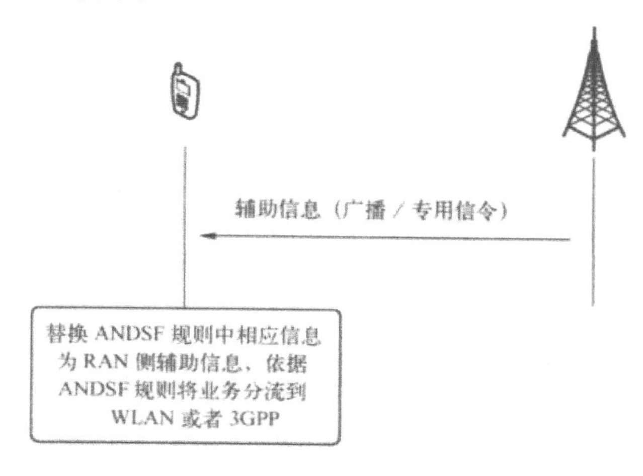

图 2-12 WLAN/3GPP 无线侧互操作方案一

方案二：网络选择以及业务分流的具体规则由 RAN 侧在标准中规定，RAN 通过广播或者专用信令提供 RAN 分流规则中所需的参数门限。当网络中不存在 ANDSF 规则时，UE 依据 RAN 侧规定的分流规则将业务分流到 WLAN 或者 3GPP 上；当同时存在 ANDSF 时，ANDSF 规则优先于 RAN 规则，如图 2-13 所示。

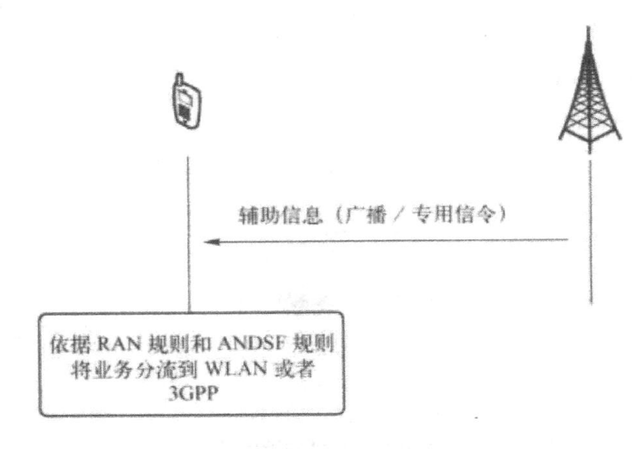

图 2-13 WLAN/3GPP 无线侧互操作方案二

方案三：如图 2-14 所示，当 UE 处于 RRC CONNECTED/CELL_DCH 状态下，网络通过专用的分流命令控制业务的卸载。当 UE 处于空闲状态、CELL_FACH，CELL_PCH 和 URA_PCH 状态时，具体方案同一或者二；或者，处于以上几个状态的 UE，可以配置连接到 RAN，等待接收专用分流命令。

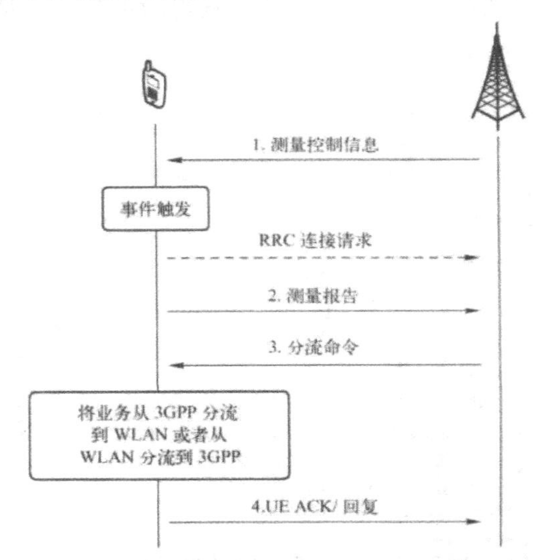

图 2-14 WLAN/3GPP 无线侧互操作方案三

具体而言，eNB/RNC（Radio Network Controller，无线网络控制器）发送测量配置命令给 UE，用于对目标 WLAN 测量信息的配置。UE 进行测量，并基于事件触发测量上报过程。经过判决，eNB/RNC 发送专用分流命令将 UE 的业务分流到 WLAN 或者 3GPP 网络。

基于 SI 阶段的研究成果，3GPP 最终达成协议在 WI 阶段只研究基于 UE 控制的解决方案，也就是融合方案一与方案二的解决方案：RAN 侧通过广播信令或专用信令提供辅助信息给 UE，这些辅助信息包括 E-UTRAN 的信号强度门限、WLAN 的信道利用率门限、WLAN 的回传链路速率门限、WLAN 信号强度门限、分流偏好指示以及 WLAN 识别号。UE 可以利用收到辅助信息，并结合 ANDSF 分流策略或 / 和 RAN 分流策略，做出最终的分流决策。

为了满足 5G 网络的需求和性能指标，5G 的多网络融合技术可以考虑分布式和集中式两种实现架构（见图 2-15）。其中，分布式多网络融合技术利用各个网络之间现有的、增强的甚至新增加的标准化接口，辅以高效的分布式多网络协调算法来协调和融合各个网络。而集中式多网络融合技术则可以通过在 RAN 侧增加新的多网络融合逻辑控制实体或者功能将多个网络集中在 RAN 侧来统一管理和协调。

分布式多网络融合不需要多网络融合逻辑控制实体或者功能的集中控制，也不需要信息的集中收集和处理，因此该方案的鲁棒性较强，并且反应迅速，但是与集中式多网络融合技术相比不易达到全局的性能最优化。以 LTE 和 WLAN 网络融合为例，可以在 3GPP LTE 的 eNB 与 WLAN AP 之间新建一个标准化接口。该接口与 LTE eNB 之间的 X2 接口类似。LTE eNB 与 WLAN AP 可以通过该标准化接口进行信息的交互与协调。

LTE eNB 与 WLAN AP 可以通过图 2-15 中分布式多网络融合的流程进行网络融合。以 LTE 网络和 WLAN 网络进行业务分流为例，在 LTE 网络和 WLAN 网络进行业务分流之前，LTE eNB 和 WLAN AP 首先要建立起标准化接口。在该接口建立完毕之后，二者可以进行负载信息的交互，方便确认己方 / 对方是否可发起 / 接受对等方的业务分流请求。如果可以，那么二者再进行更进一步的业务分流信息的交互来完成业务分流，以进一步达到多网络融合的目的。

集中式多网络融合需要多网络融合逻辑控制实体或者功能的集中控制，并且可以进行多网络信息的集中收集和处理，因此该方案能达到全局的性能最优化。以 LTE 和 WLAN 网络融合为例，根据 LTE eNB 和 WLAN AP 的部署场景（collocated 或者 non-collocated）和二者之间回传或者连接接口的特性（理想或者非理想），可以分别采用 WLAN/3GPP 载波聚合和 WLAN/3GPP 双连接两种融合方式。并且可以通过图 2-15 中集中式多网络融合的方案进行网络融合。例如，可以对现有的 LTE eNB 实体进行增强，在无线侧引入新的 MRAC（Multi-RAT Adaptation and Control，多网络适配和控制）层，该层可以位于传统的 RLC（Radio Link Control，无线链路控制）层之上，负责将 LTE 网络传输的数据包与 WLAN 网络传输的数据包进行适配和控制，从而达到多网络融合的目的。或者可以将 LTE eNB 中已有的层进行修改和增强，比如 PDCP（Packet Data Convergence Protocol，分组数据汇聚协议）层，从而可以将 LTE 网络传输的数据包与 WLAN 网络传输的数据包进行适配和控制，从而达到多网络融合的目的。

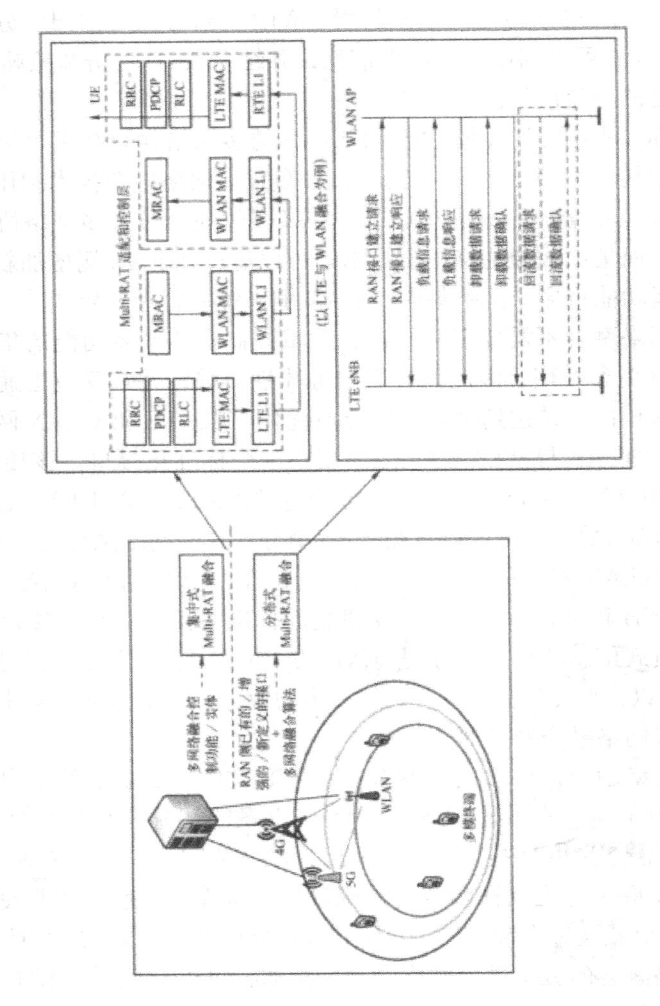

图 2-15　多网络融合技术

（二）无线MESH

根据 ITU-R WP5D 的讨论共识，5G 网络需要能够提供大于 10Gbit/s 的峰值速率，并且能够提供 100 Mbit/s-1 Gbit/s 的户体验速率，UDN（Ultra Dense Networks，超密集网络部署）将是实现这些目标的重要方式和手段。通过超密集网络部署与小区微型化，频谱效率和接入网系统容量将会得到极大的提升，从而为超高峰值速率与超高用户体验提供基础，如图 2-16 所示。

总体而言，超密集网络部署具有以下特点：

1. 基站间距较小

虽然网络密集化在现有的网络部署中就有采用，但是站间距最小在 200m 左右。在 5G UDN 场景中，站间距可以缩小到 10 ~ 20m 左右，相比当前部署而言，站间距显著减小。

2. 基站数量较多

UDN 场景通过小区超密集化部署提高频谱效率，但是为了能够提供连续覆盖，势必要大大增加微基站的数量。

3. 站址选择多样

大量小功率微基站密集部署在特定区域，相比于传统宏蜂窝部署而言，这其中会有一部分站址不会经过严格的站址规划，通常选择在方便部署位置。

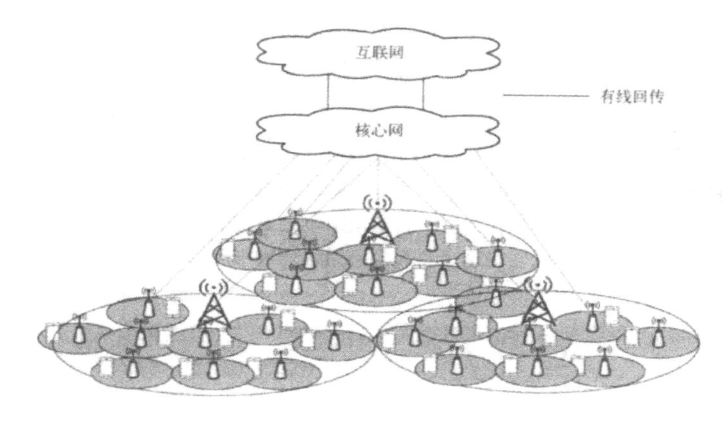

图 2-16　超密集网络部署场景

超密集网络部署在带来频谱效率、系统容量与峰值速率提升等好处的同时，也带来了极大的挑战：

第一，基站部署数量的增多会带来回传链路部署的增多，结合网络建设和维护成本的角度考虑，超密集网络部署不适宜为所有的小型基站铺设高速有线线路（例如，光纤）来提供有线回传。

第二，由于在超密集网络部署中，微基站的站址通常难以预设站址，而是选择在便于部署的位置（例如，街边、屋顶或灯柱），这些位置通常无法铺设有线线路来提供回传链路。

第三，由于在超密集网络部署中，微基站间的站间距与传统的网络部署相比会非常小，因此基站间干扰会比传统网络部署要严重，因此，基站间如何进行高速、甚至实时的信息交互与协调，以便进一步采取高效的干扰协调与消除就显得尤为重要。而传统的基站间通信交互时延达到几十毫秒，难以满足高速、实时的基站间信息交互与协调的要求。

根据中国 IMT-2020 5G 推进组需求工作组的研究结果，5G 网络将需要支持各种不同特性的业务，例如，时延敏感的 M2M 数据传输业务、高带宽的视频传输业务等等。为适应多种业务类型的服务质量要求，需要对回传链路的传输进行精确的控制和优化，以提供不同时延、速率等性能的服务质量。而传统的基站间接口（例如，X2 接口）的传输时延与控制功能很难满足这些需求。

此外，依据中国 IMT-2020 5G 推进组发布的 5G 概念白皮书，连续广域覆盖场景将会是 5G 网络需要重点满足应用场景之一。如何在人口较少的偏远地区，高效、灵活地部署基站，并对其进行高效的维护和管理，并且能够进一步实现基站的即插即用，以保证该类地区的良好覆盖及服务，也是运营商需要解决的问题。

无线 MESH 网络就是要构建快速、高效的基站间无线传输网络，着力满足数据传输速率和流量密度需求，实现易部署、易维护、用户体验轻快、一致的轻型 5G 网络：①降低基站间进行数据传输与信令交互的时延。②提供更加动态、灵活的回传选择，进一步支持在多场景下的基站即插即用。

5G 无线 MESH 网络如图 2-17 所示：从回传的角度考虑，基础回传网络由有线回传与无线回传组成，具有有线回传的网关基站作为回传网络的网关，无线回传基站及其之间的无线传输链路则组成一个无线 MESH 网络。其中，无线回传基站在传输本小区回传数据的同时，还有能力中继转发相邻小区的回传数据。从基站协作的角度考虑，组成无线 MESH 网络的基站之间可以通过无线 MESH 网络快速交互需要协同服务的用户、协同传输的资源等信息，为用户提供高性能、一致性的服务以及体验。

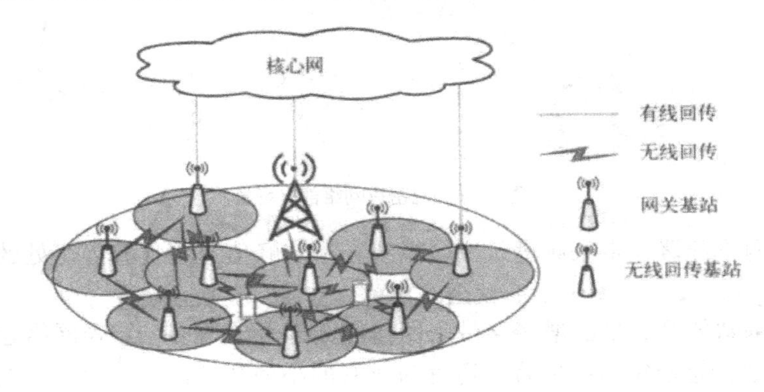

图 2-17　5G 超密集网络部署中的回传网络拓扑

为了实现高效的无线 MESH 网络，以下技术方面需要着重考虑：

（1）无线 MESH 网络无线回传链路与无线接入链路的联合设计与联合优化

实现无线 MESH 网络首先需要考虑无线 MESH 网络中基站间无线回传链路基于何种接入方式进行实现，并考虑与无线接入链路的关系。而该研究点也是业界诸多主流厂商们和国际 5G 项目的研究重点。首先，基于无线 MESH 的无线回传链路与 5G 的无线接入链路将会有许多相似之处；无线 MESH 网络中的无线回传链路可以（甚至将主要）工作在高频段上，这与 5G 无线关键技术中的高频通信的工作频段是类似的；无线 MESH 网络中的无线回传链路也可以工作在低频段上，这与传统的无线接入链路的工作频段是类似的；考虑到 5G 场景下微基站的增加与回传场景的多样化，无线 MESH 网络中的无线回传链路与无线接入链路的工作及传播环境是类似的。

考虑到以上因素，基于无线 MESH 的无线回传链路与 5G 的无线接入链路可以进行统一和融合，并按照需求进行相应的增强，例如，无线 MESH 网络的无线回传链路与 5G 的无线接入链路可以使用相同的接入技术；无线 MESH 网络的无线回传链路可以与 5G 无线接入链路使用相同的资源池；无线 MESH 网络中无线回传链路的资源管理、QoS 保障等功能可以与 5G 无线接入链路联合考虑。

这样做的好处包括：①简化网络部署，针对超密集网络部署场景。②通过无线 MESH 网络的无线回传链路和无线接入链路的频谱资源动态共享，提高资源利用率。③可以针对无线 MESH 网络的无线回传链路和无线接入链路进行联合管理和维护，提高运维效率、减少 CAPEX 和 OPEX。

（2）无线 MESH 网络回传网关规划与管理

如图 2-17 所示，具有有线回传的基站作为回传网络的网关，是其它基站和核心网之间回传数据的接口，对于回传网络性能具有决定性作用。因此，如何选取合适的有线回传基站作为网关，对无线 MESH 网络的性能具有很大影响。一方面，在进行超密集网络部署时，有线回传基站的可获得性取决于具体站址的物理限制。另一方面，有线回传基站位置的选取也要考虑区域业务分部特性。因此，在进行无线 MESH 网络回传网络设计时，可以首先确定可获得有线回传的位置和网络结构，然后根据具体的网络结构和业务的分布进一步确定回传网关的位置、数量等。通过无线 MESH 网络回传网关的规划和管理，可以在保证回传数据传输的同时，有效提升回传网络的效率和能力。

（3）无线 MESH 网络回传网络拓扑管理与路径优化

如图 2-17 所示，具备无线回传能力的基站组成一个无线 MESH 网络，进一步实现网络中基站间快速的信息交互、协调与数据传输。并且具有无线回传能力的基站可以帮助相邻的基站协助传输回传数据到回传网关。因此，如何选择合适的回传路径也是决定无线 MESH 网络中回传性能的关键因素。一方面，无线 MESH 网络的回传拓扑和路径选择需要充分考虑无线链路的容量和业务需求，根据网络中业务的动态分布情况和 CQI 需求进行动态的管理和优化。另一方面，无线回传网络拓扑管理和优化需要考虑多种网络性能指标（Key Performance Indicator，KPI），例如，小区优先级、总吞吐率和服务质量等级保证。并且，在某些路径节点发生变化时（例如，某中继无线回传基站发生故障），无线 MESH 网络能够动态地进行路径更新及重配置。通过无线回传链路的拓扑管理和路径优化，使无线 MESH 网络能够及时、迅速地适应业务分布与网络状况的变化，并能够有效提升无线回传网络的性能与效率。

（4）无线 MESH 网络回传网络资源管理

在无线回传网络拓扑和回传路径确定之后，如何高效地管理无线 MESH 网络的资源显得至关重要。并且，如果无线回传链路与无线接入链路使用相同的频率资源，还需要考虑无线回传链路和网络接入链路的联合资源管理，以提升整体的系统性能，对于无线回传链路的资源管理，可以基于特定的调度准则，根据每个小区自身回传数据队列、中继数据队列以及接入链路的数据队列，调度特定的小区和链路在适合的时隙发送回传数据，从而满足业务服务质量要求。该调度器可以基于集中式，也可以基于分布式实现。

（5）无线 MESH 网络协议架构与接口研究

LTE 中基站间可以通过 X2 接口进行连接，3GPP 针对 X2 接口分别从用户面和控制面定义了相关的标准。考虑到无线 MESH 网络的无线回传链路及其接口固有的特性和与 X2 接口的明显差异，如何设计一套高效的、针对无线 MESH 网络的协议架构及接口标准显得十分必要。这其中就要考虑：①无线 MESH 网络及接口建立、更改、终止等功能及标准流程。②无线 MESH 网络中基站间控制信息交互、协调等功能及标准流程。③无线 MESH 网络中基站间数据传输、中继等功能及标准流程。④辅助实现无线 MESH 网络关键算法的承载信令及功能，例如资源管理算法。

另外，由于在超密集网络部署的场景下基站的站间距会非常小，基站间采用无线回传会带来严重的同频干扰问题。一方面，可以通过协议和算法的设计来减少甚至消除这些干扰。另一方面，也可以考虑如何与其他互补的关键技术相结合来降低干扰，例如高频通信技术、大规模天线技术等。

（三）虚拟化

5G 时代的网络需要提升网络综合能效，且通过灵活的网络拓扑和架构来支持多元化、性能需求完全不同的各类服务与应用，并且需要进一步提升频谱效率，而且需要大幅降低密集部署所带来的难度与成本。而接入网作为运营商网络的重要组成部分，也需要进行进一步的功能与架构的优化与演进，进一步满足 5G 网络的要求。

现有的 LTE 接入网架构具有以下的局限性和不足：①控制面比较分散，随着网络密集化，不利于无线资源管理、干扰管理、移动性管理等网络功能的收敛和优化。②数据面不够独立，不利于新业务甚至虚拟运营商的灵活添加和管理。③各设备厂商的基站间接口的部分功能及实现理解不一致，导致不同厂商设备间的互联互通性能差，进而影响网络扩展、网络性能及用户体验。④不同 RAT（Radio Access Technology，无线接入技术）需要不同的硬件产品来实现，各无线接入技术资源不能完全整合。⑤网络设备如果想支持更高版本的技术特性，往往要通过硬件升级与改造，为运营商的网络升级和部署带来较大开销。

因此接入网必须通过进一步的优化与演进来满足 5G 时代对接入网需求。而接入网虚拟化就是接入网一个重要的优化与演进方向。

通过接入网虚拟化，可以：①虚拟化不同无线接入技术处理资源，包括蜂窝无线通信技术与 WLAN 通信技术，最大化资源共享，提高用户与网络性能。②与核心网的软件化与虚拟化演进相辅相成，促进网络架构的整体演进。③实现对接入网资源的切片化独立管理，方便新业务、新特性及虚拟运营商的灵活添加，并实现对虚拟运营商更智能的灵活管理和优化。④实现更加优化和智能的无线资源管理、干扰控制及移动性管理，提高用户与网络性能。⑤实现更加快速、低成本的网络升级与扩展。

实现接入网虚拟化的一个重要方面是实现对基站、物力资源及协议栈的虚拟化。目前，已有许多国际研究项目和科研院校对该方向展开了深入研究。FP7 资助的 4WARD 项目就从不同的方面对蜂窝网络的虚拟化展开了深入研究。基于 4WARD 提出的虚拟化模型，许多专家学者又展开了专门针对 LTE 的虚拟化研究工作。其中，提出了一种 LTE 虚拟化框架，并且提出了多种针对 MVNO（Mobile Virtual Network Operator，虚拟运营商）的虚拟化资源分配和管理方案，且通过仿真与非虚拟化的系统进行了性能对比，对比结果显示了 LTE 虚拟化能够带来的系统和性能增益。

传统的运营商网络一般要求不同的运营商在相同地区使用不同的频带资源来为相应的用户群提供服务。随着虚拟运营商的大量引入，如果能够实现运营商网络资源的

虚拟化，可以使不同的虚拟运营商动态共享传统运营商的频带资源，并通过网络资源的切片化来保证各虚拟运营商服务的独立性和个性化。

提出的 LTE 虚拟化框架主要涉及 LTE 基站的虚拟化。且前的 LTE 基站已经具备了资源调度功能，但虚拟化引入了额外的切片隔离和分配机制。如图 2-18 所示。

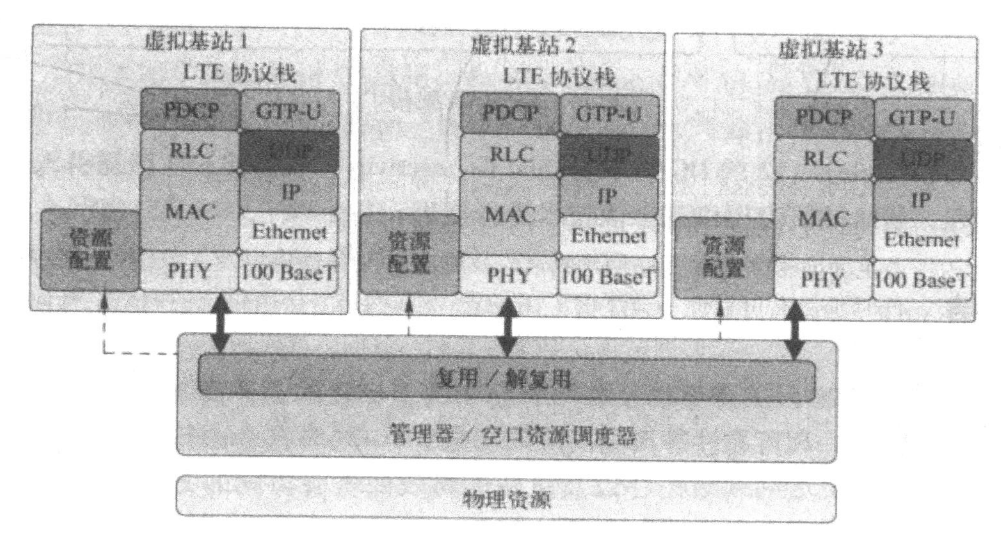

图 2-18　LTE 基站虚拟化框图

其中，管理器通过综合考虑不同虚拟基站 / 虚拟运营商的业务需求和与承载运营商签署的合同需求，动态地为每个切片分配物理资源。

实现接入网虚拟化的另外一个重要方面是要实现控制面和数据面的分离，并将某些控制功能集中化，实现更加优化和智能的无线资源管理、干扰控制及移动性管理，提高用户与网络性能。目前，也有许多国际研究项目及科研院校对该方向展开了深入研究。其中，提出的 SoftRAN 的虚拟化架构。如图 2-19 所示。

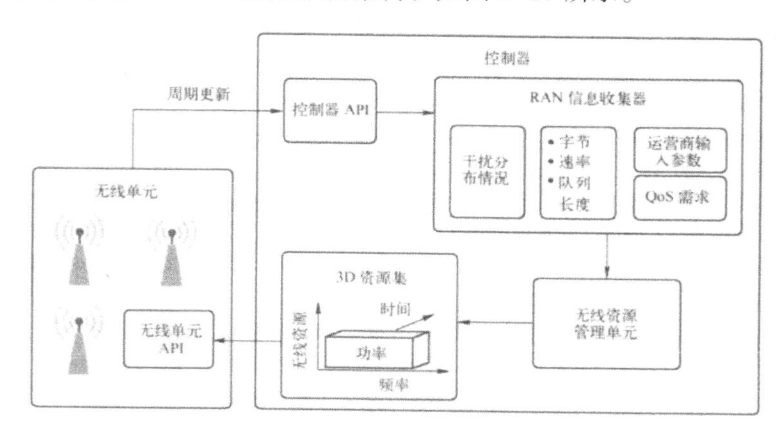

图 2-19　SoftRAN 架构

在该架构中，控制器是核心单元。控制器负责定期收集某地理区域内所有无线单元的最新的网络状态信息，并将这些信息储存在RAN信息收集器中。控制器进一步根据业务和网络状况（例如，包括干扰状况、信道状况等），通过控制无线资源管理单元来为不同的无线单元集中分配用户面的无线资源。该架构的一个潜在问题就是如何将控制面繁多的控制功能合理地分配到无线单元（例如，基站）和控制器。①所有会影响到邻小区控制策略制定的功能需要放在控制器中，因为这些功能需要多个无线单元的信息交互和协调。②所有需要快速变化的参数输入的功能需要放在无线单元中，因为若这些功能放在控制器中，控制器与无线单元的交互时延会影响到输入参数的有效性。

另外，3GPP Release 12的DC技术（Dual Connectivity，双连接）已经引入了控制与承载分离的研究，后续的研究可以基于该技术进行演进。

为了满足面向未来移动互联网和物联网多样化的业务需求以及广域覆盖、高容量、大连接、低时延、高可靠性等典型的应用场景，5G网络将会由传统的网络架构向支持多制式和多接入、更灵活的网络拓扑以及更智能高效的资源协同的方向发展。SDN和NFV技术的引入将会使5G网络变成更加灵活、智能、高效和开放的网络系统。高密度、智能化、可编程则代表了未来移动通信演进的进一步发展趋势。

第三章　调制解调技术

第一节　调制解调技术概述

随着超大规模集成电路、数字信号处理技术及软件无线电技术的发展，出现了新的多用途可编程信号处理器，使得数字调制解调器完全用软件来实现，可以在不替换硬件的情况下，重新设计或选择调制方式，改变和提高调制解调的性能。

一、调制技术概述

（一）调制技术的基本概念

调制就是将基带信号加载到高频载波上的过程，其目的是将需要传输的模拟信号或数字信号变换成适合于信道传输的频带信号，以满足无线通信对信息传输的基本要求。如在生活中，我们要将一件货物运到几千千米外的地方，单靠人力本身显然是不现实的，必须借助运载工具来完成，例如汽车、火车、飞机。如果将运载的货物换成是需要传输的信息，就是通信中的调制了。在这里，货物就相当于调制信号，运载工具相当于载波，将货物装到运载工具上就相当于调制过程，从运载工具上卸下货物就是解调。

调制器的模型如图 3-1 所示，它可以看作一个非线性网络，其中 $m(t)$ 为基带信号，$c(t)$ 为载波，$s_m(t)$ 为已调信号。基带信号是需传送的原始信息的电信号，它属于低频范围。基带信号直接发送存在两个缺点：很难实现多路远距离通信；要求有很长的天线，在工艺及使用上都是很困难的。载波信号是频率较高的高频、超高频甚至微波，若采用无线电发射，天线尺寸可以很小，并且对于不同的电台，可以采用不同的载波频率，这样接收时就很容易区分，则能实现多路互不干扰的传输。

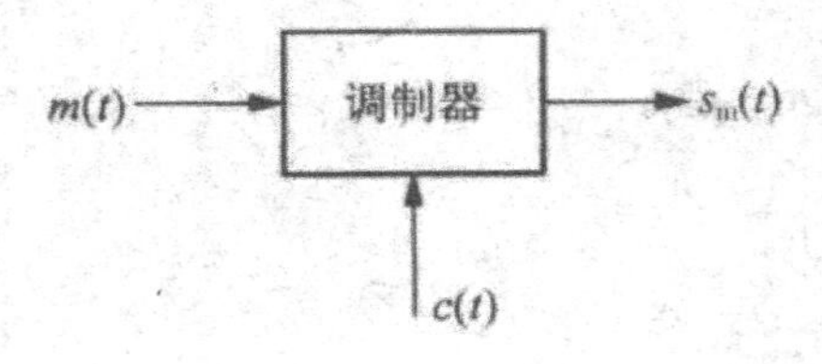

图 3-1 调制器的模型

调制的实质为频谱搬移，即将携带信息的基带信号的频谱搬移到较高的频率范围，基带信号也称调制信号，经过调制后的信号称为频带信号或已调信号。已调信号具有3个基本特征：一是携带原始信息；二是适合于信道传输；三是信号的频谱具有带通形式，且中心频率远离零频。

（二）数字调制技术的分类

图 3-2 所示为数字调制技术的分类。

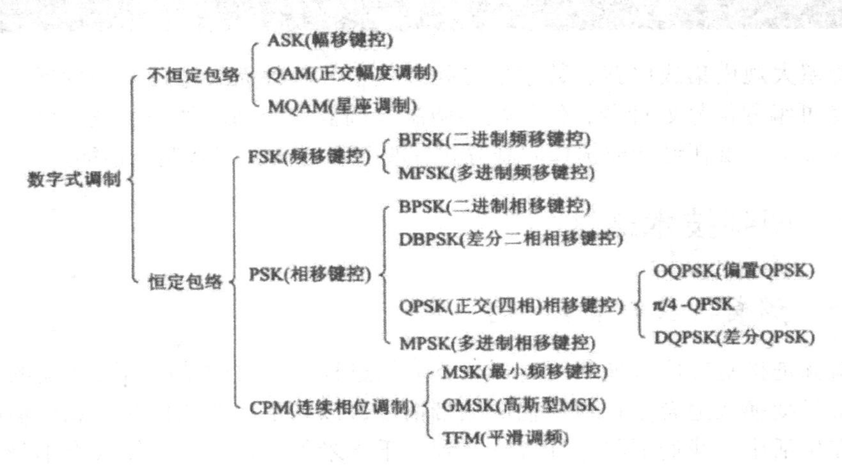

图 3-2 数字调制技术的分类

二、基本数字调制技术

（一）数字基带信号

若数字基带信号各码元波形相同而取值不同，则数字基带信号可表示为

$$s(t)=\sum_{n=-\infty}^{\infty}a_n g\left(t-nT_s\right)$$

其中，a_n 是第 n 个码元所对应的电平值，它可以取 0、1 或 -1、1 等；T_S 为码元间隔；$g(t)$ 为某种标准脉冲波形，通常为矩形脉冲。

常用的数字基带信号波形主要有单极性不归零波形、单极性归零波形、双极性不

归零波形、双极性归零波形、差分波形和多电平波形等，如图 3-3 所示。

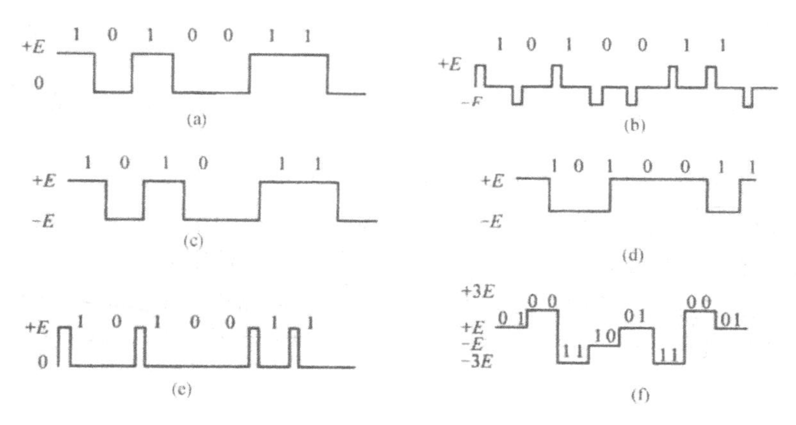

图 3-3　常见的数字基带信号波形

（a）单极性不归零波形；（b）双极性不归零波形；（c）单极性归零波形；（d）双极性归零波形；（e）差分波形；（f）多电平波形

（二）二进制振幅键控

正弦载波的幅度随数字基带信号的变化而变化的数字调制方式称为振幅键控。当载波的振幅随二进制数字基带信号 1 和 0 在两个状态间变化，而其频率和相位保持不变时，则为二进制振幅键控（2ASK）。设发送的二进制数字基带信号由码元 0 和 1 组成，其中发送 0 码的概率为 P，发送 1 码的概率为 1—P，且两者相互独立，则该二进制数字基带信号可表示为

$$s(t)=\sum_{n=-\infty}^{\infty} a_n g\left(t-nT_s\right)$$

式中，a_n 为符合下列关系的二进制序列的第 n 个码元 0，发送概率为 P

$$a_n=\begin{cases}0,\text{发送概率为}P\\1,\text{发送概率为}1-P\end{cases}$$

$g(t)$ 是持续时间为正的归一化矩形脉冲

$$g(t)=\begin{cases}1,0\text{剟}t\quad T_s\\0,\text{其他}\end{cases}$$

则 2ASK 信号的一般时域表达式为

$$s_{2ASK}(t)=\sum_n a_n g\left(t-nT_s\right)\cos\omega_c t \tag{3-1}$$

其中，ω_c 为载波角频率，为了简化，这里假设载波的振幅为1。由式（3-1）可见，二进制振幅键控（2ASK）信号可以看成是一个单极性矩形脉冲序列与一个正弦型载波相乘。

2ASK 信号的时域波形举例如图 3-4 所示。由图可见，2ASK 信号的波形随二进制基带信号 $s(t)$ 通断变化，因而又被称为通断键控信号（OOK）。2ASK 信号的产生方法有两种：一种是模拟调制法，即按照模拟调制原理来实现数字调制，只需将调制信号由模拟信号改成数字基带信号；另一种是键控调制法，即根据数字基带信号的不同来控制载波信号的“有”和“无”来实现。例如当二进制数字基带信号为1时，对应有载波输出，当二进制数字基带信号为0时，则无载波输出，即载波在数字基带信号1或0的控制下实现通或断。二进制振幅键控信号的两种产生方法分别如图 3-5 和图 3-6 所示。

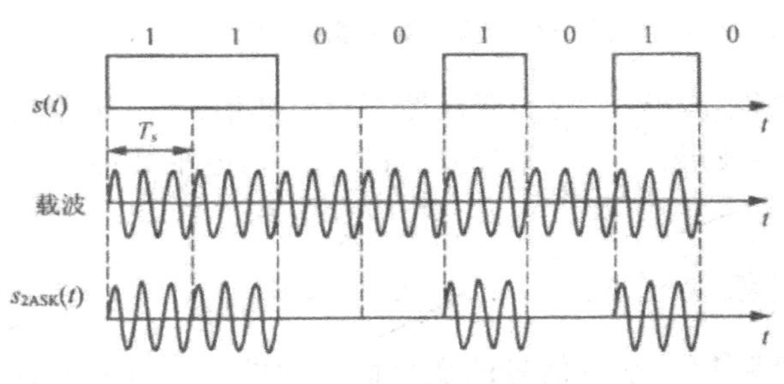

图 3-4　2ASK 信号时域波形

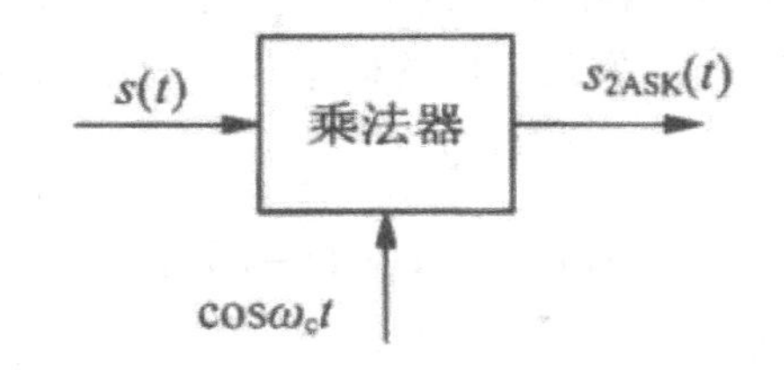

图 3-5　模拟相乘法产生 2ASK 信号

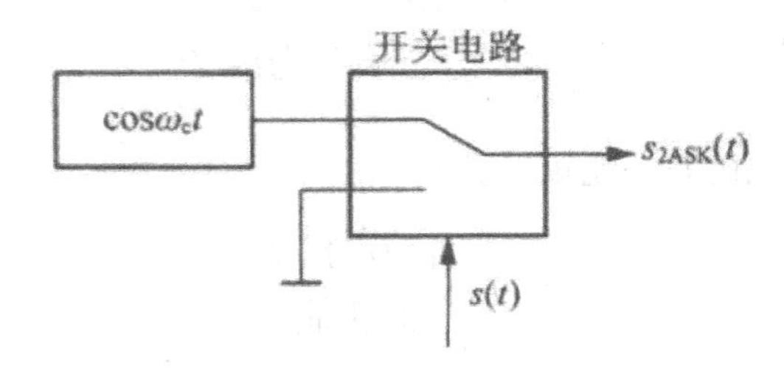

图 3-6　0 数字键控法产生 2ASK 信号

2ASK 信号的解调可采用非相干解调（包络检波法）与相干解调（同步检测法）方法，两种解调方法的原理框图分别如图 3-7 和图 3-8 所示。2ASK 信号非相干解调过程的时间波形如图 3-9 所示。相干解调需要在接收端接入同频同相的载波，所以又称同步

检测。在非相干解调中，全波整流器和低通滤波器构成了包络检波器。

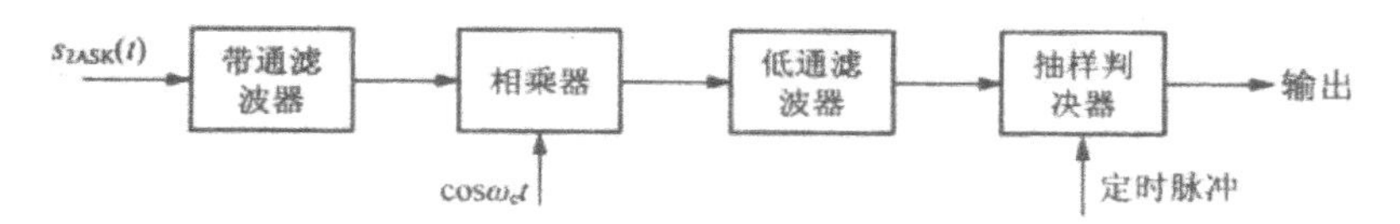

图 3-7　2ASK 信号相干解调原理框图

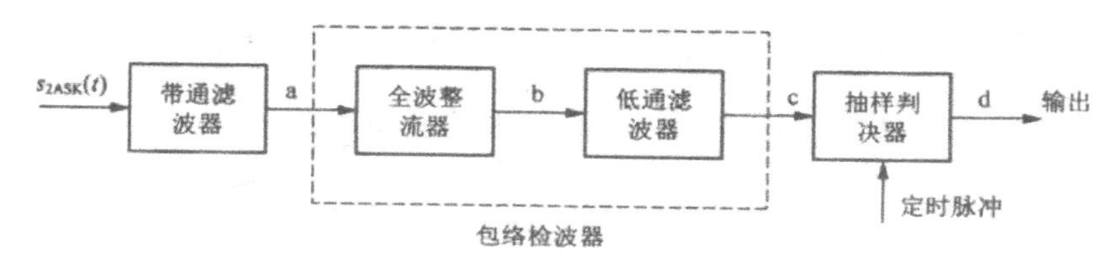

图 3-8　2ASK 信号非相干解调原理框图

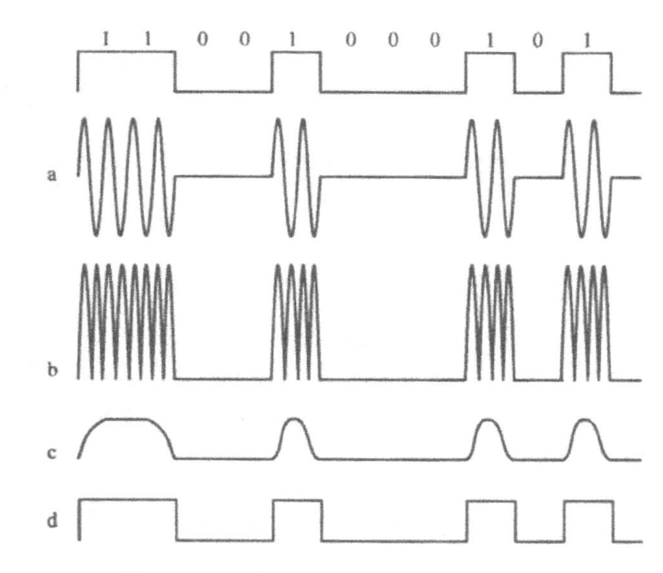

图 3-9　2ASK 信号非相干解调过程的时间波形

2ASK 信号的功率谱密度为数字基带信号功率谱密度的线性搬移，数字基带信号的功率谱密度为 $P_s(f)$，则 2ASK 信号功率谱密度为

$$P_{2ASK}(f)=\frac{1}{4}\left[P_s\left(f+f_c\right)+P_s\left(f-f_c\right)\right]$$

2ASK 信号的功率谱密度如图 3-11 所示，图 3-10 则是数字基带信号的功率谱密度。

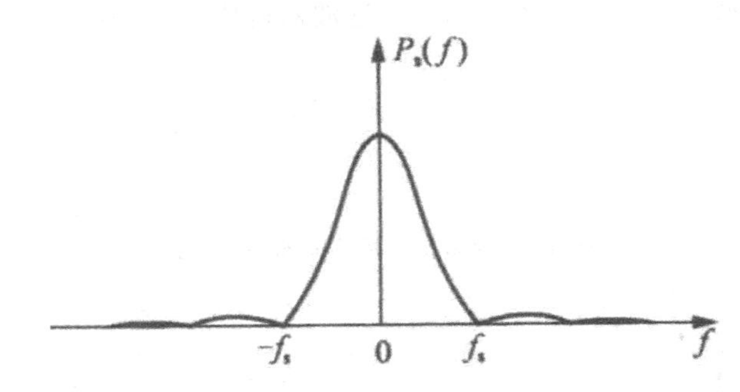

图 3-10　数字基带信号的功率谱密度

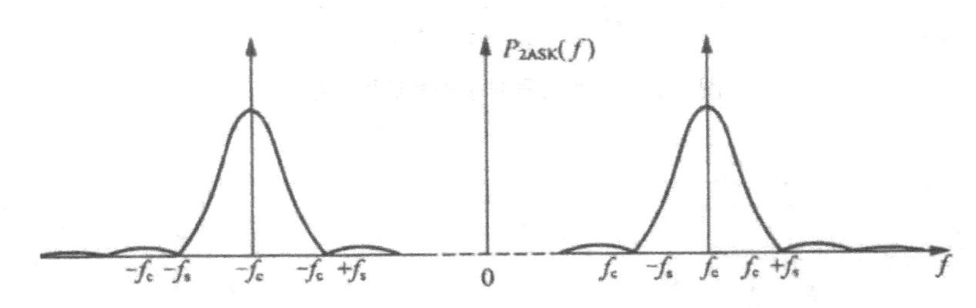

图 3-11　2ASK 信号的功率谱密度

（三）二进制移频键控

移频键控是利用正弦载波的频率变化来表示数字信息，而载波的幅度和初始相位保持不变。如果正弦载波的频率随二进制基带信号 1 和 0 在 f_1 和 f_2 两个频率点间变化，则为二进制移频键控（2FSK）。设发送 1 码时，载波频率为 f_1，发送 0 码时，载波频率为 f_2，则 2FSK 信号的时域表达式为：

$$s_{2FSK}(t)=\left[\sum_n a_n g\left(t-nT_s\right)\right]\cos\omega_1 t+\left[\sum_n \overline{a}_n g\left(t-nT_s\right)\right]\cos\omega_2 t \tag{3-2}$$

其中，$\omega_1=2\pi f_1;\omega_2=2\pi f_2$；$\overline{a}_n$ 是 $=a_n$ 的取反，即

$$a_n=\begin{cases}0,\text{概率为}P\\1,\text{概率为}1-P\end{cases}$$

$$\overline{a}_n=\begin{cases}1,\text{概率为}P\\0,\text{概率为}1-P\end{cases}$$

从式（3-2）可以看出，2FSK 信号可以看成为两个不同载频交替发送的 2ASK 信号的叠加。2FSK 信号时域波形如图 3-12 所示。

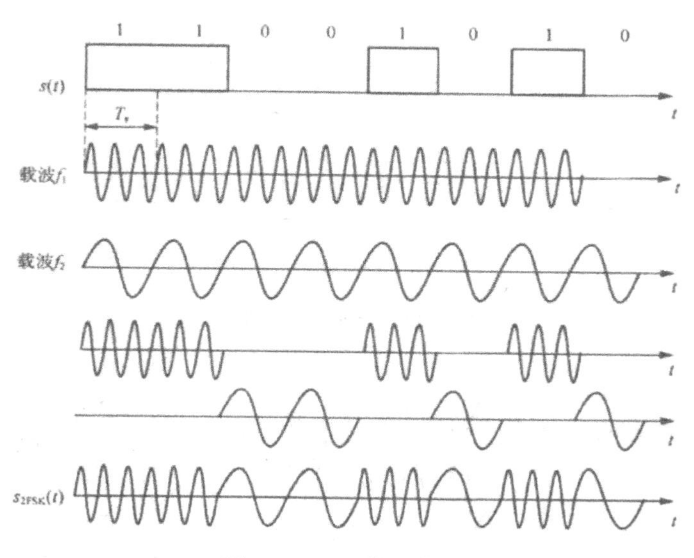

图 3-12　2FSK 信号时域波形

2FSK 信号的产生可以采用模拟调频电路和数字键控两种方法实现。图 3-13 是用数字键控的方法产生二进制移频键控信号的原理图。

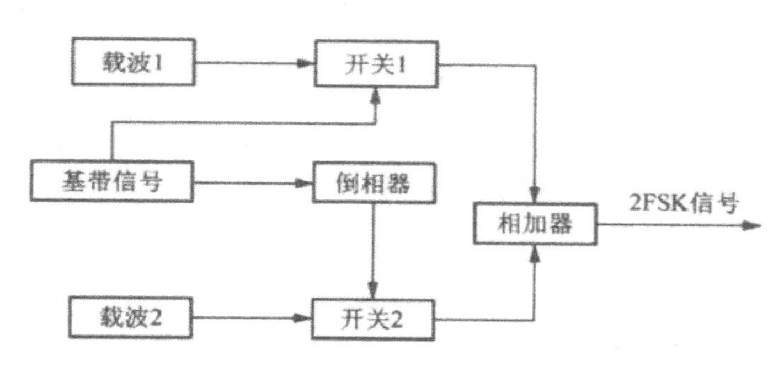

图 3-13　数字键控法产生 2FSK 信号原理图

2FSK 信号非相干解调和相干解调两种方法的原理图分别如下图 3-14 和图 3-15 所示。2FSK 信号非相干解调过程的时间波形如图 3-16 所示。

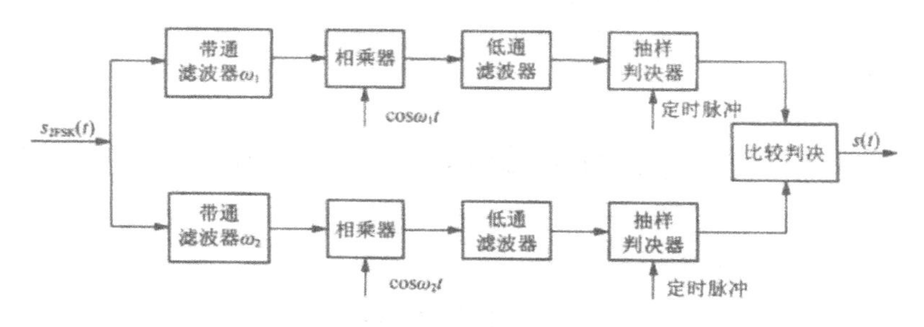

图 3-14　2FSK 信号相干解调原理图

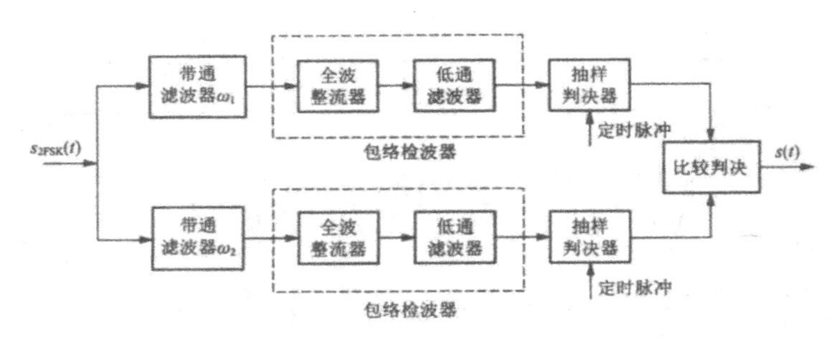

图 3-15　2FSK 信号非相干解调原理图

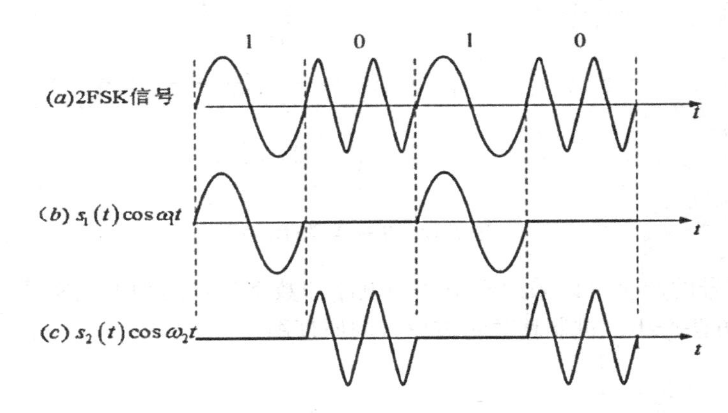

图 3-16　2FSK 信号非相干解调过程的时间波形形图

若以 2FSK 信号功率谱第一个零点之间的频率间隔定义为二进制移频键控信号的带宽，则该二进制移频键控信号的带宽 B2FSK 为：

$$B_{2\text{FSK}}=\left|f_1-f_2\right|+2f_{\text{s}}$$

（四）二进制移相键控

1.2PSK 调制

移相键控指正弦载波的相位随数字基带信号离散变化，二进制移相键控（2PSK）是用二进制数字基带信号控制载波的相位变化有两个状态，例如，二进制数字基带信号的 1 和 0 分别对应着载波的相位 0 和 π。

二进制移相键控信号表达式为

$$s_{2\text{PSK}}(t)=\left[\sum_n a_n g\left(t-nT_{\text{s}}\right)\right]\cos\omega_{\text{c}}t$$

其中，a_n 为双极性数字信号，即

$$a_n=\begin{cases}+1,\text{概率为}P\\-1,\text{概率为}1-P\end{cases}$$

当 g(t) 是持续时间为 T_s 的归一化矩形脉冲时，有

$$s_{2PSK}(t)=\begin{cases}\cos\omega_c t,概率为P\\-\cos\omega_c t=\cos(\omega_c t+\pi),概率为1-P\end{cases} \tag{3-3}$$

由式（3-3）可见，当发送 1 时，2PSK 信号载波相位为 0，发送 0 时载波相位为 π，若用 φ_n 表示第 n 个码元的相位，则有：

$$\varphi_n=\begin{cases}0,发送"1"\\\pi,发送"0"\end{cases}$$

这种二进制数字基带信号直接与载波的不同相位相对应的调制方式通常称为二进制绝对移相调制。2PSK 信号时域波形如图 3-17 所示。

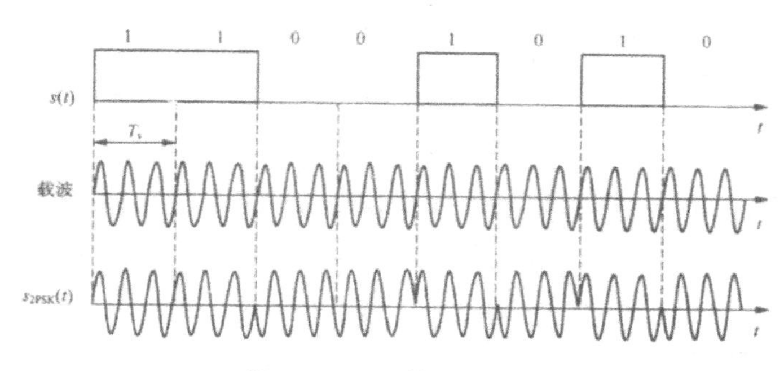

图 3-17　2PSK 信号时域波形

2PSK 信号的产生可以采用模拟调制和数字键控两种方法实现。2PSK 信号进行解调通常采用相干解调方式，其解调器原理框如图 3-19 所示。2PSK 信号相干解调各点时间波形如图 3-20 所示。当恢复的相干载波产生 180° 倒相时，其解调恢复的数字信息就会与发送的数字信息完全相反，由此造成解调器输出数字基带信号全部出错，这种现象称为 2PSK 的随机 π 现象。

2PSK 信号的功率谱密度为

$$P_{2PSK}(f)=\frac{1}{4}\left[P_s(f-f_c)+P_s(f+f_c)\right]$$

2PSK 信号的功率谱密度如图 3-18 所示。

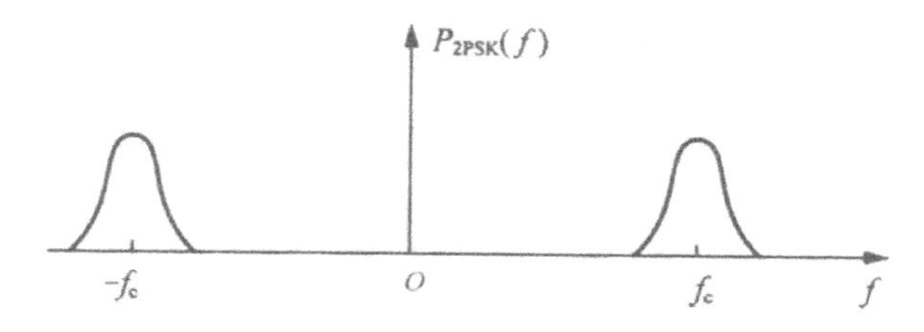

图 3-18　2PSK 信号的功率谱密度

2.2DPSK 调制

由于 2PSK 调制方式在解调过程中会产生随机“倒 π”现象，所以常采用二进制差分移相键控（2DPSK）。2DPSK 调制方式是用前后相邻码元的载波相对相位变化来表示数字信息，所以又称为相对移相键控。假设 Äφ 为前后相邻码元的载波相位差，可定义一种数字信息与 Äφ 之间的关系

$$\Delta\varphi=\begin{cases}0,\text{表示数字信息"0"}\\ \pi,\text{表示数字信息"1"}\end{cases}$$

$$\Delta\varphi=\begin{cases}\pi,\text{表示数字信息"0"}\\ 0,\text{表示数字信息"1"}\end{cases}$$

2DPSK 信号可以采用相干解调方式进行解调，解调器原理图和解调过程各点时间波形分别如图 3-19 和图 3-20 所示。2DPSK 相干解调与 2PSK 相干解调是相似的，区别仅在于 2DPSK 相干解调系统中有一个码型反变换模块，作用是进行差分译码，这与调制端的差分编码也是对应的。

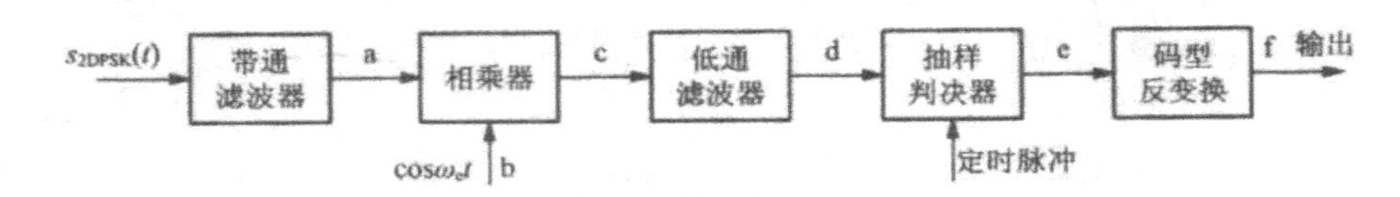

图 3-19 2DPSK 解调原理框图

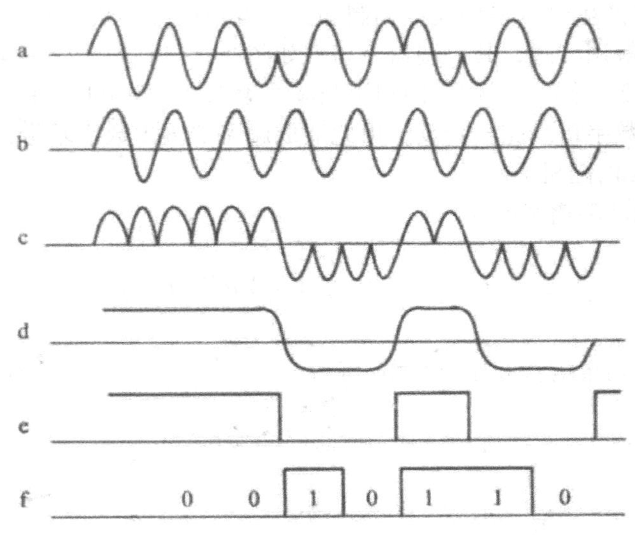

图 3-20 2DPSK 信号解调过程各点时间波形

2DPSK 信号的功率谱密度与 2PSK 信号的功率谱密度是相同的。

第二节　最小移频键控

一、最小频移键控的原理

MSK 是一种特殊形式的 FSK，其频差是满足两个相互正交（即相关函数等于零）的最小频差，并要求 FSK 信号的相位连续，其调制指数为：

$$h=\frac{|f_1-f_2|}{f_\text{b}}=\frac{\text{Ä}f}{f_\text{b}}=0.5$$

MSK 信号的表达式为：

$$s_\text{MSK}(t)=\cos\left(\omega_\text{c}t+\frac{\pi}{2T_\text{b}}a_kt+\varphi_k\right)$$

式中，φ_k 为输入序列，取“+1”或“−1”；T_b 为输入数据流的比特宽度；φ_k 是为了保证 $t=kT_\text{b}$ 时相位连续而加入的相位常量。令：

$$\theta_k=\frac{\pi}{2T_\text{b}}a_kt+\varphi_k,kT_\text{b}„\ t„\ (k+1)T_\text{b} \tag{3-4}$$

式（3-4）为一直线方程，斜率为 $\pm\frac{\pi}{2T_b}$，截距为 φ_k。所以，在一个比特区间内，相位线性地增加或减少 $\frac{\pi}{2}$。

为了保证相位连续，在 $t=kT_\text{b}$ 时应有下式成立：

$$\theta_{k-1}(kT_\text{b})=\theta_k[kT_\text{b}]$$

从而有

$$\varphi_k=\varphi_{k-1}+(a_{k-1}-a_k)\frac{k\pi}{2} \tag{3-5}$$

设 $\varphi_0=0$，则 $\varphi_k=0$ 或 $\varphi_k=\pm k\pi$。式（3-5）表明：本比特内的相位常数不仅与本比特区间的输入有关，还与前一个比特区间内的输入及相位常数有关。在给定输入序列 $\{a_k\}$ 情况下，MSK 的相位轨迹如图 3-21 所示。

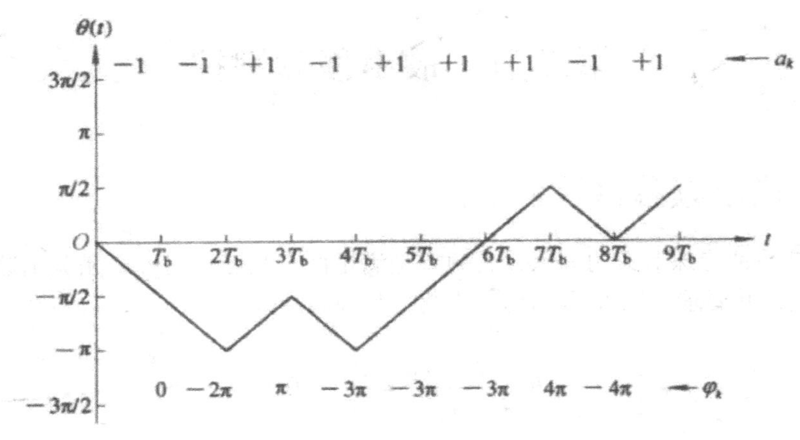

图 3-21 MSK 的相位轨迹

二、MSK信号的正交表示

MSK 信号表达式可正交展开为:

$$s_{\mathrm{MSK}}(t)=\cos\left(\frac{\pi a_k}{2T_{\mathrm{b}}}t+\varphi_k\right)\cos\omega_0 t-\sin\left(\frac{\pi a_k}{2T_{\mathrm{b}}}t+\varphi_k\right)\sin\omega_0 t \tag{3-6}$$

由于

$$\cos\left(\frac{\pi a_k}{2T_{\mathrm{b}}}t+\varphi_k\right)=\cos\frac{\pi a_k}{2T_{\mathrm{b}}}t\cos\varphi_k-\sin\frac{\pi a_k}{2T_{\mathrm{b}}}t\sin\varphi_k=\cos\varphi_k\cos\frac{\pi t}{2T_{\mathrm{b}}} \tag{3-7}$$

$$\sin\left(\frac{\pi a_k}{2T_{\mathrm{b}}}t+\varphi_k\right)=\sin\frac{\pi a_k}{2T_{\mathrm{b}}}t\cos\varphi_k+\cos\frac{\pi a_k}{2T_{\mathrm{b}}}t\sin\varphi_k=a_k\cos\varphi_k\sin\frac{\pi t}{2T_{\mathrm{b}}} \tag{3-8}$$

式中，考虑到 $\varphi_k=k\pi$，$a_k=\pm1$，，有 $\sin\varphi_k=0$，$\cos\varphi_k=\pm1$。
将式（3-7）和式（3-8）代入式（3-6），可得

$$\begin{aligned}s_{\mathrm{MSK}}(t)&=\cos\varphi_k\cos\frac{\pi t}{2T_{\mathrm{b}}}\cos\omega_0 t-a_k\cos\varphi_k\sin\frac{\pi t}{2T_{\mathrm{b}}}\sin\omega_0 t\\&=I_k\cos\frac{\pi t}{2T_{\mathrm{b}}}\cos\omega_0 t+Q_k\sin\frac{\pi t}{2T_{\mathrm{b}}}\sin\omega_0 t\end{aligned} \tag{3-9}$$

式中，$I_k=\cos\varphi_k$，$Q_k=-a_k\cos\varphi_k$ 分别为同相支路和正交支路的等效数据。

式（3-9）表示，MSK 信号可分解为同相分量和正交分量两部分。同相分量的载波为 $\cos\varphi_k$，I_k 中包含输入码的等效数据，$\cos\frac{\pi t}{2T_{\mathrm{b}}}$ 是其正弦形加权函数；正交分量的载波为 $\sin\omega_0 t$，Q_k 中包含输入码的等效数据，$\sin\frac{\pi t}{2T_{\mathrm{b}}}$ 是其正弦形加权函数。

三、信号的产生和解调

（一）MSK信号的产生方法

根据式（3-9）可以构成 MSK 调制器框图，如图 3-22 所示。

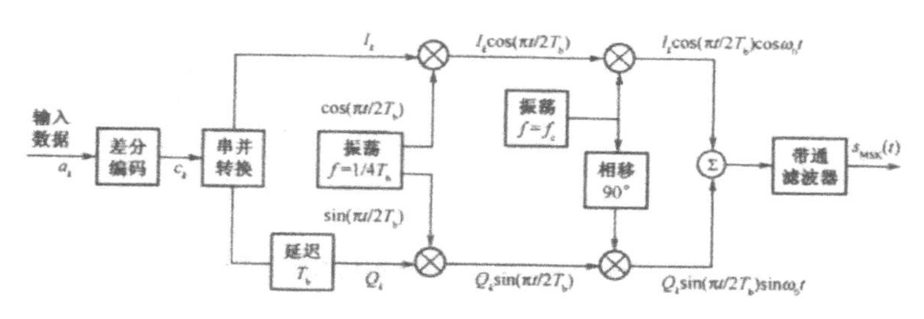

图 3-22　MSK 调制器框图

（二）MSK信号的功率谱密度

MSK 信号和 QPSK 信号的功率谱表示式分别为

$$P_{\mathrm{MSK}}(f)=\frac{16A^2T_{\mathrm{b}}}{\pi^2}\left\{\frac{\cos 2\pi\left(f-f_0\right)T_{\mathrm{b}}}{1-\left[4\left(f-f_0\right)T_{\mathrm{b}}\right]}\right\}^2$$

$$P_{\mathrm{QPSK}}(f)=2A^2T_{\mathrm{b}}\left[\frac{\cos 2\pi\left(f-f_0\right)T_{\mathrm{b}}}{2\pi\left(f-f_0\right)T_{\mathrm{b}}}\right]^2$$

式中，A 为信号的振幅。

图 3-23 是 MSK 与 QPSK（即 4PSK）的频谱比较，不难看出 MSK 的主瓣比 4PSK 宽 50%，但它的旁瓣比 4PSK 则低很多。因此，在需要恒定包络且不滤波（或很少滤波）的场合应用，MSK 是很合适的。

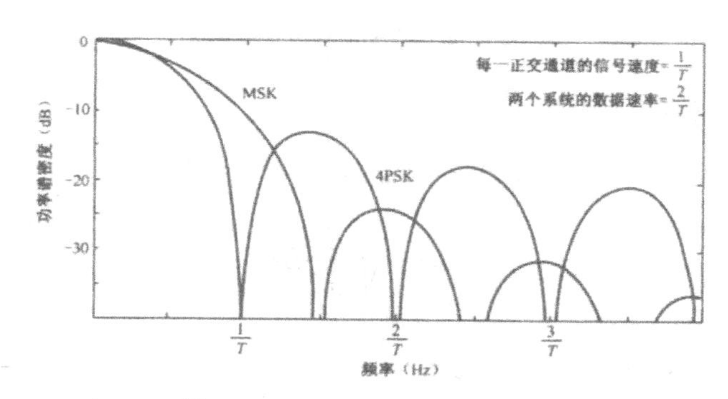

图 3-23　MSK 和 4PSK 的频谱比较

（三）MSK信号的解调

由于MSK信号是一种FSK信号，所以它可以采用解调FSK信号的相干或非相干解调。MSK信号的相干解调原理框图如图3-24所示。

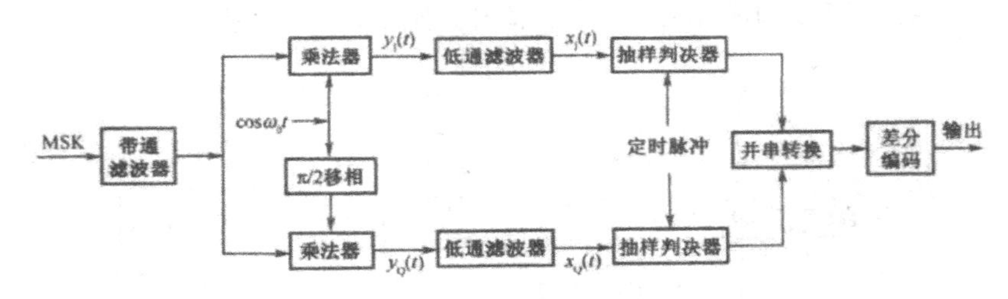

图3-24 MSK信号的相干解调原理框图

第三节 高斯最小移频键控

一、GMSK信号的波形和相位路径

实际上，MSK信号可以由FM调制器来产生，MSK信号会在码元转换时刻虽然保持相位连续，但相位变化是折线，在码元转换时刻会产生尖角，使其频谱特性的旁瓣滚降缓慢，带外辐射还相对较大。为了解决这一问题，可将数字基带信号先经过一个高斯滤波器整形（预滤波），得到平滑后的某种新的波形后再进行调频，从而得到良好的频谱特性，调制指数仍为0.5，如图3-25所示。

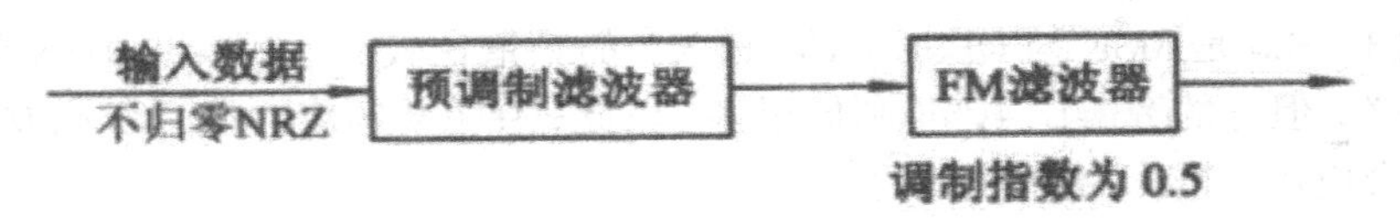

图3-25 GMSK信号的产生原理

高斯低通滤波器的冲击响应为

$$h(t)=\sqrt{\pi}\alpha\exp\left(-\pi^2\alpha^2t^2\right)$$

$$\alpha=\sqrt{\frac{2}{\ln 2}}B_{\mathrm{b}}$$

式中，B_{b}为高斯滤波器的3dB带宽。

GMSK的相位途径如图3-26所示。可见，GMSK消除MSK相位途径在码元转换时刻的相位转折点。GMSK信号在一码元周期内的相位增量不像MSK那样固定为$\pm\frac{\pi}{2}$，而是随着输入序列的不同而不同。

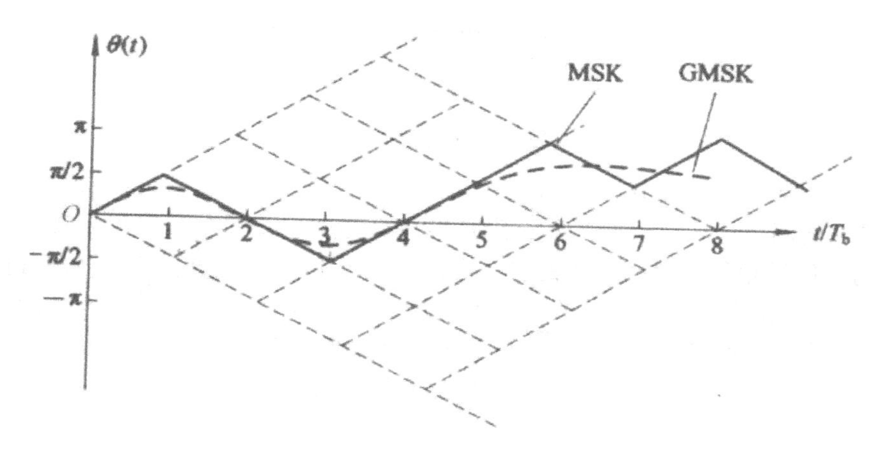

图 3-26　GMSK 信号的相位途径

经过预滤波后的基带信号 $q(t)$、相位函数 $\theta(t)$ 和 GMSK 信号的例子如图 3-27 所示。由图可以看出，GMSK 信号的相位函数 $\theta(t)$ 是一条光滑连续的曲线。即使是在码元交替的时刻，其导数也是连续的，因此信号的频率在码元交替时刻也不会发生突变，这会使信号的副瓣有更快的衰减。

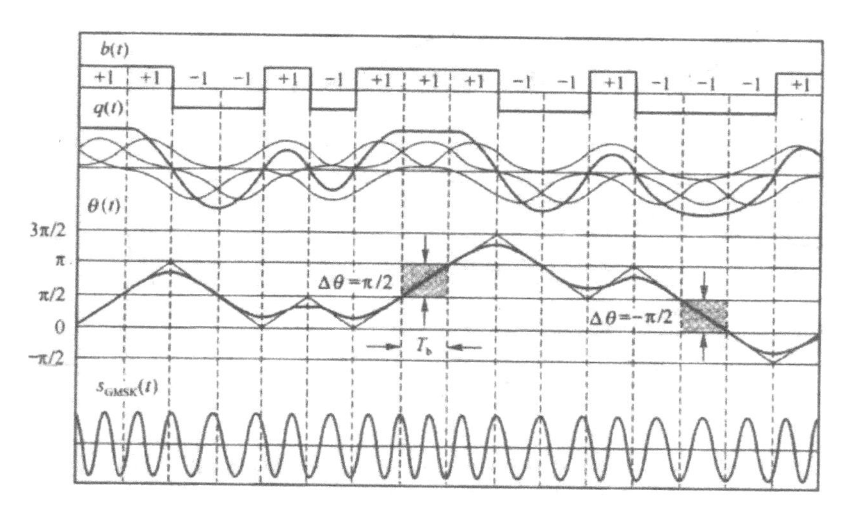

图 3-27　GMSK 信号波形

二、GMSK信号的调制与解调

从原理上 GMSK 信号可用 FM 方法产生。所产生 FSK 信号是相位连续的 FSK，只要控制调频指数 k_f 中，使 $h=0.5$，便可以获得 GMSK。但在实际的调制系统中，常常采用正交调制方法。因为

$$s_{\text{GMSK}}(t)=\cos\left[\omega_c t+k_f\int_{-\infty}^{t}q(\tau)\mathrm{d}\tau\right]=\cos\left[\omega_c t+\theta(t)\right]$$

$$= \cos\theta(t)\cos\omega_c t - \sin\theta(t)\sin\omega_c t$$

式中

$$\theta(t) = \theta\left(kT_b\right) + \Delta\theta(t)$$

在正交调制中，把式中 $\cos\theta(t)$,$\sin\theta(t)$ 看成是经过波形形成后的两条支路的基带信号。现在的问题是如何根据输入的数据 bk 求得这两个基带信号。因为 $\Delta\theta(t)$ 是第 k 个码元期间信号相位随时间变化的量，因此 $\theta(t)$ 可以通过对 $\theta(t)$ 的累加得到。由于在一个码元内 $q(t)$ 波形为有限，在实际的应用中可以事先制作 $\cos\theta(t)$ 和 $\sin\theta(t)$ 两张表，根据输入数据通过查表读出相应的数值，其得到相应的 $\cos\theta(t)$ 和 $\sin\theta(t)$ 波形。GMSK 正交调制方框图及各点波形如图 3-28 和图 3-29 所示。

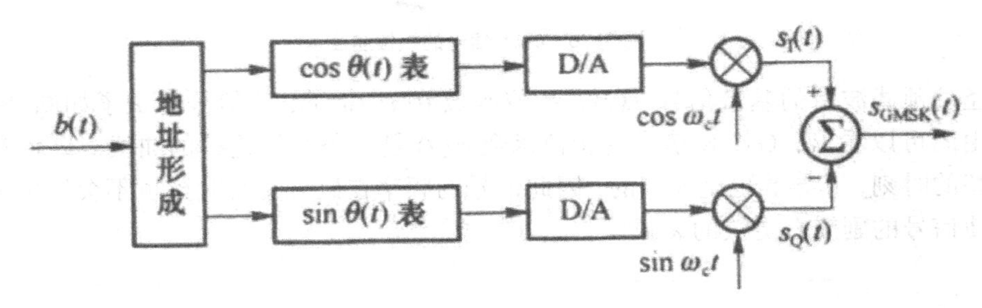

图 3-28　GMSK 正交调制

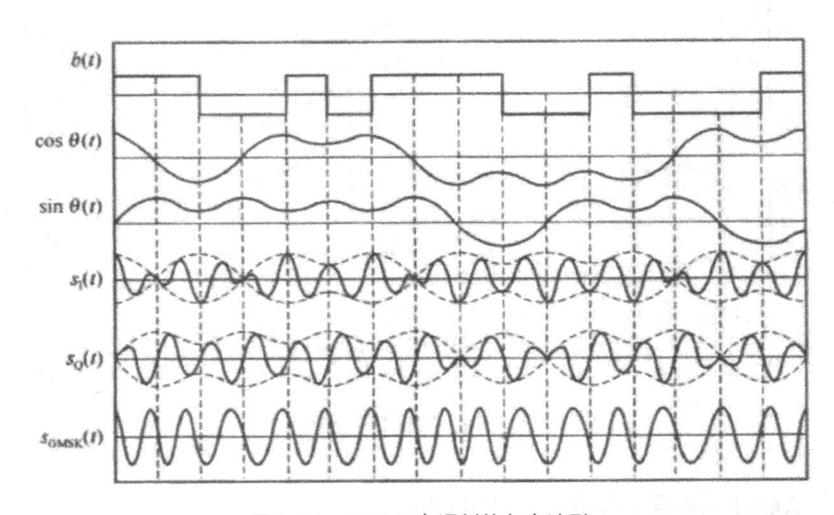

图 3-29　GMSK 正交调制的各点波形

GMSK 可以用相干方法解调，也可用非相干方法解调。但在移动信道中，提取相干载波是比较困难的，通常采用非相干的差分解调方法。非相干解调方法有多种，这里介绍 1bit 延迟差分解调方法，其原理如图 3-30 所示。

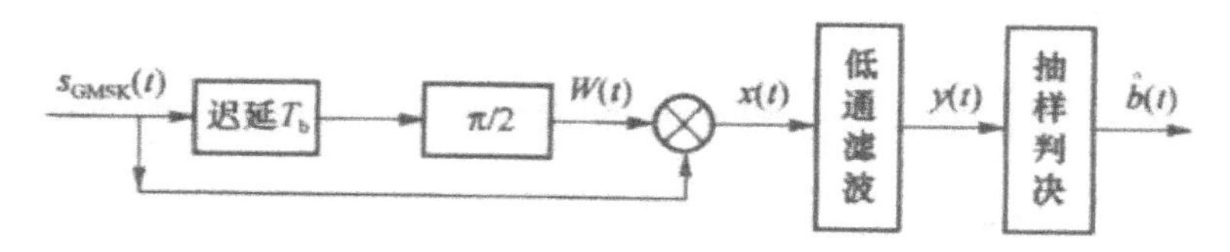

图 3-30　GMSK 1bit 延迟差分解调原理图

设接收到的信号为

$$s(t)=s_{\mathrm{GMSK}}(t)=A(t)\cos\left[\omega_c t+\theta(t)\right]$$

这里，$A(t)$ 是信道衰落引起的时变包络。接收机把 $s(t)$ 分成两路，一路经过 1bit 的延迟和 90° 的移相，得到 $W(t)$

$$W(t)=A\left(t-T_b\right)\cos\left[\omega_c\left(t-T_b\right)+\theta\left(t-T_b\right)+\frac{\pi}{2}\right]$$

它与另一路的 $s(t)$ 相乘得 $x(t)$

$$x(t)=s(t)W(t)$$

$$=A(t)A\left(t-T_b\right)\times\frac{1}{2}\left\{\sin\left[\theta(t)-\theta\left(t-T_b\right)+\omega_c T_b\right]-\right.$$

$$\left.\sin\left[2\omega_c t-\omega_t T_b+\theta(t)+\theta\left(t-T_b\right)\right]\right\}$$

经过低通滤波同时考虑到 $\omega_c T_b=2n\pi$，得到 $y(t)$ 为

$$y(t)=\frac{1}{2}A(t)A\left(t-T_b\right)\sin\left[\theta(t)-\theta\left(t-T_b\right)+\omega_c T_b\right]$$

$$=\frac{1}{2}A(t)A\left(t-T_b\right)\sin[\Delta\theta(t)]$$

式中，$\Delta\theta(t)=\theta(t)-\theta(t-T_b)$ 是一个码元的相位增量。由于 $A(t)$ 是包络，总是 $A(t)A(t-T_b)>0$，在 $t=(k+1)T_b$ 时刻对 $y(t)$ 抽样得到 $y[(k+1)T_b]$，其符号取决于 $\Delta\theta[(k+1)T_b]$ 的符号，根据前面对 $\Delta\theta(t)$ 路径的分析，就可以进行判决

$y[(k+1)T_b]>0$，即 $\Delta\theta[(k+1)T_b]>0$，，判决解调的数据为 $\hat{b}_k=+1$；

$y[(k+1)T_b]<0$，即 $\Delta\theta[(k+1)T_b]<0$，判决解调的数据为 $\hat{b}_k=-1$。

解调过程的各波形如图 3-31 所示，其中设 $A(t)$ 为常数。

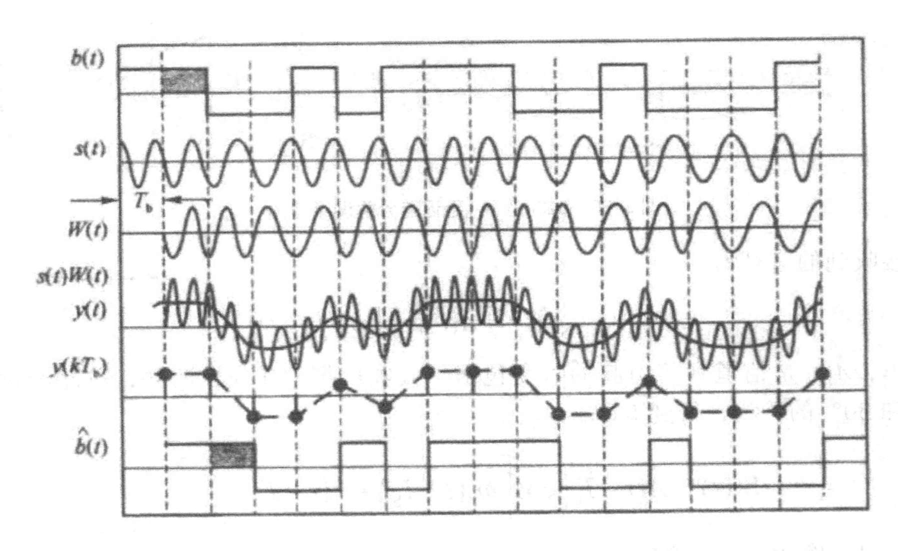

图 3-31 GMSK 解调过程各点波形

三、GMSK功率谱

GMSK 信号的功率谱密度如图 3-32 所示。假设 B_b 为高斯滤波器的 3dB 带宽，T_b 为码元宽度，参变量 B_bT_b 称为高斯滤波器的 3dB 归一化带宽，B_bT_b 越小，频谱越集中。$B_bT_b=\infty$ 时的 GMSK 就是 MSK，它的主瓣宽于 QPSK/OQPSK，但带外高频滚降要快一些，GMSK 的滚降特性与 MSK 相比大为改善。如果信道带宽为 25kHz，数据率为 16kb/s，当取 $B_bT_b=0.25$ 时，带外辐射功率可比总功率小 60dB。

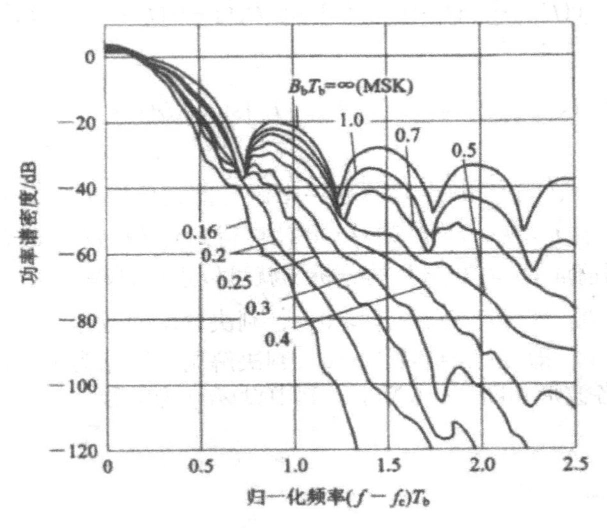

图 3-32 GMSK 功率谱密度

第四节　QPSK 调制及高阶调制

一、QPSK调制

（一）四相调制QPSK

1.QPSK 信号的表示

在 QPSK 调制中，在要发送的比特序列中，每两个相连的比特分为一组构成一个 4 进制的码元，即双比特码元，如图 3-33 所示。双比特码元的 4 种状态用载波的 4 个不同相位（以 =1，2，3，4）表示。双比特码元和相位的对应关系可以有许多种，图 3-34 是其中一种。

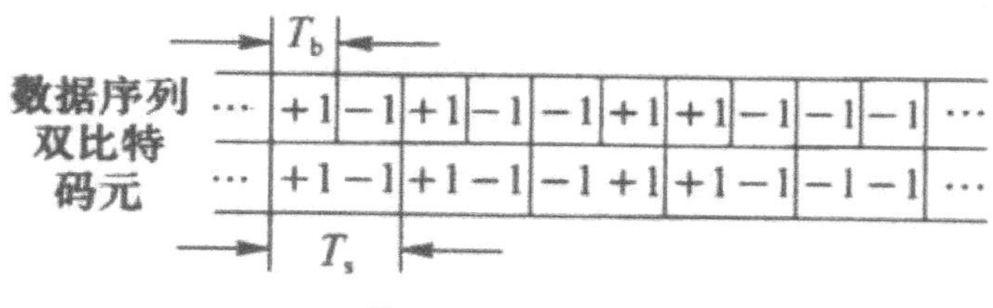

图 3-33　双比特码元

双极性表示 a_k　b_k	φ_k
+1　+1	π/4
−1　+1	3π/4
−1　−1	5π/4
+1　−1	7π/4

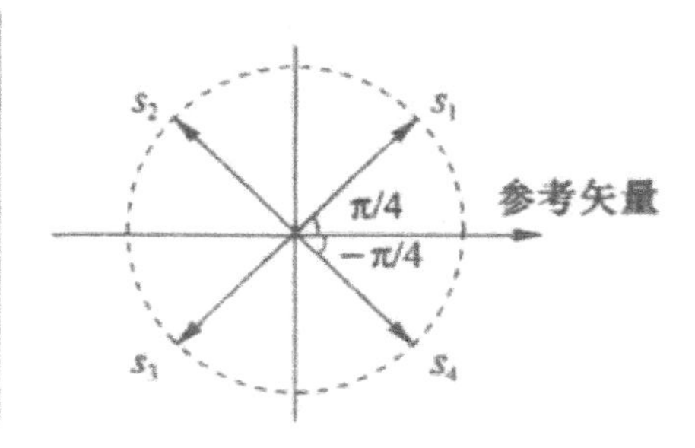

图 3-34　QPSK 的一种相位逻辑

QPSK 信号可以表示为

$$s_{\mathrm{QPS}}(t)=A\cos\left(\omega_c t+\varphi_k\right), k=1,2,3,4, kT_s \leq t \leq (k+1)T_s$$

其中，A 为信号的幅度；ω_c 为载波频率。

2.QPSK 信号的产生

$$
\begin{aligned}
s_{\mathrm{QPSK}}(t) &= A\cos\left(\omega_{\mathrm{c}}t+\varphi_k\right) \\
&= A\cos\omega_{\mathrm{c}}t\cos\varphi_k - A\sin\omega_{\mathrm{c}}t\sin\varphi_k \\
&= I_k\cos\omega_{\mathrm{c}}t - Q_k\sin\omega_{\mathrm{c}}t
\end{aligned}
\tag{3-10}
$$

式中，$I_k = A\cos\varphi_k$；$Q_k = A\sin\varphi_k$；$\varphi_k = \arctan\frac{Q_k}{I_k}$。

令双比特码元（a_k,b_k）=（I_k,Q_k），则式（3-10）就是实现图 3-34 相位逻辑的 QPSK 信号。调制器的原理图如图 3-35 所示。调制器的各点波形如图 3-36 所示。由图 3-35 可以看出，当 I_k 和 Q_k 信号为方波时，QPSK 也是一个恒包络信号。

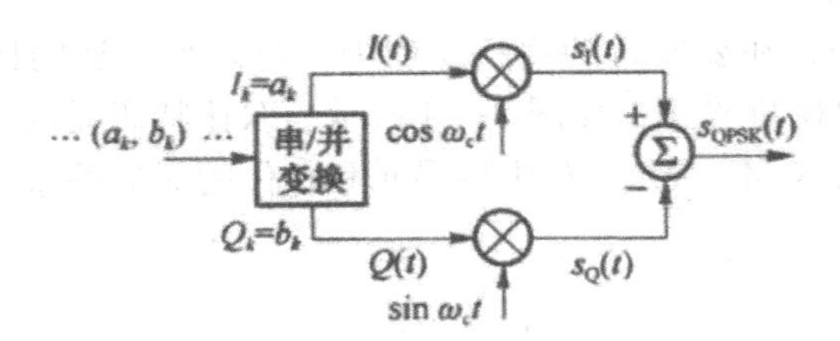

图 3-35 QPSK 调制原理图

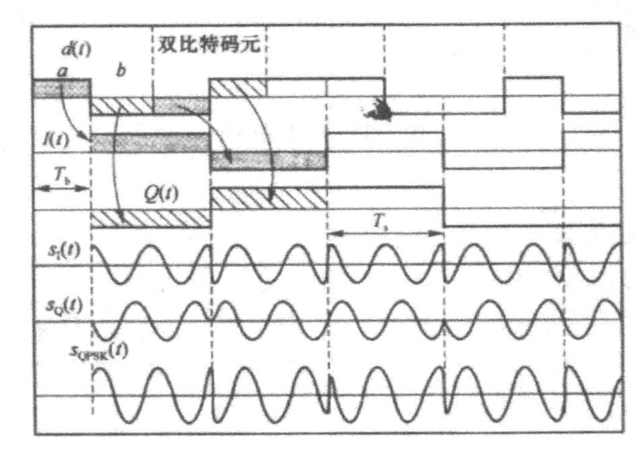

图 3-36 QPSK 调制器各点波形

3.QPSK 信号的功率谱和带宽

正交调制产生 QPSK 信号的方法实际上是将两个 BPSK 信号相加。QPSK 信号比 BPSK 信号的频带效率高出一倍，但当基带信号的波形是方波序列时，它含有较丰富的高频分量，所以已调信号功率谱的副瓣仍然很大，计算机分析表明信号主瓣的功率占 90%，而 99% 的功率带宽约为 $10R_{\mathrm{S}}$。在两个支路加入低通滤波器（LPF）（图 3-37），对形成的基带信号实现限带，衰减其部分高频分量，即可减小已调信号的副瓣。所用的低通滤波器通常就是特性如图 3-38 所示的升余弦特性滤波器。

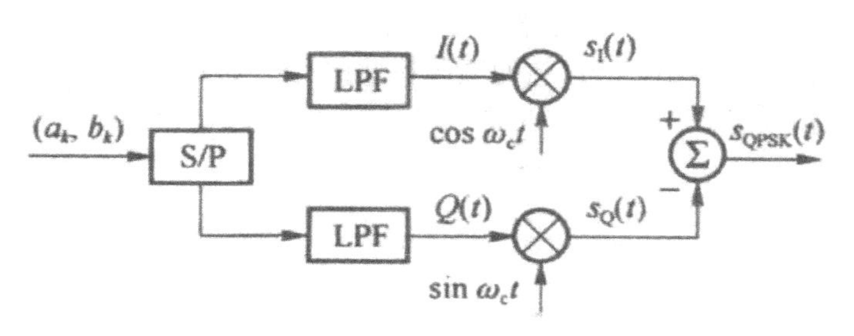

图 3-37　QPSK 的限带传输

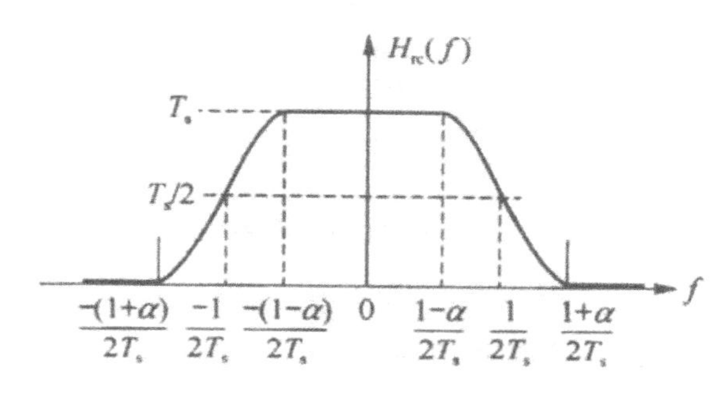

图 3-38　升余弦滤波特性

采用升余弦滤波的 QPSK 信号的功率谱在理想情况下，信号的功率也完全被限制在升余弦滤波器的通带内，带宽为

$$B=(1+\alpha)R_s=\frac{R_b(1+\alpha)}{2}$$

式中，a 为滤波器的滚降系数（$0 < \alpha,,1$）。$\alpha = 0.5$ 时的 QPSK 信号的功率谱如图 3-39 所示。

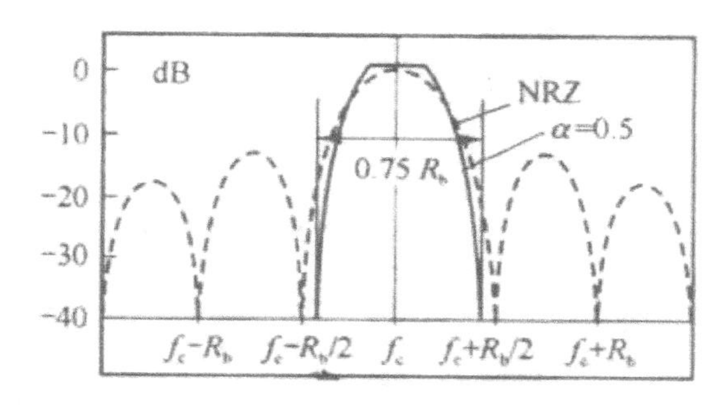

图 3-39　不同基带信号 QPSK 信号的功率谱

（二）OQPSK

OQPSK 是 Offset QPSK 的缩写，称为交错正交相移键控，即 I、Q 两支路在时间上

错开一比特的持续时间，因而两支路码元不可能同时转换，进而它最多只能有 ±90°相位的跳变。相位跳变变小，所以它的频谱特性比 QPSK 好，即旁瓣的幅度要小一些。其他特性均与 QPSK 差不多。OQPSK 和 QPSK 在时间关系上的不同如图 3-40 所示。

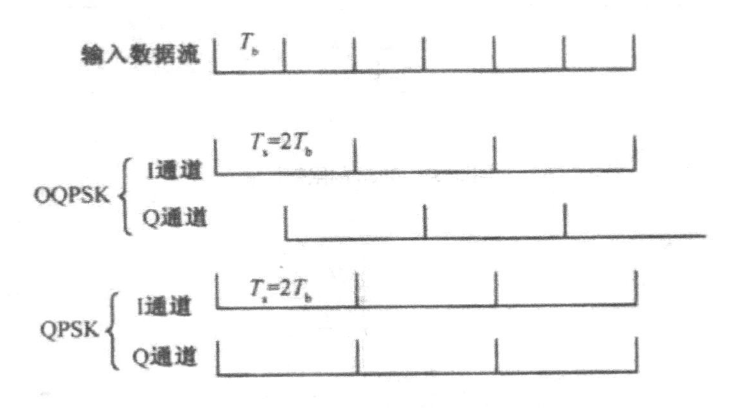

图 3-40　OQPSK 和 QPSK 在时间关系上的不同

图 3-41 给出了 OQPSK 调制原理框图。图中延迟 $\frac{T_s}{2}$ 是为保证同相和正交两路码元偏移半个码元周期。低通滤波器的作用是形成 OQPSK 信号的频谱形状，保持包络恒定。除此之外，其他均与 QPSK 相同。

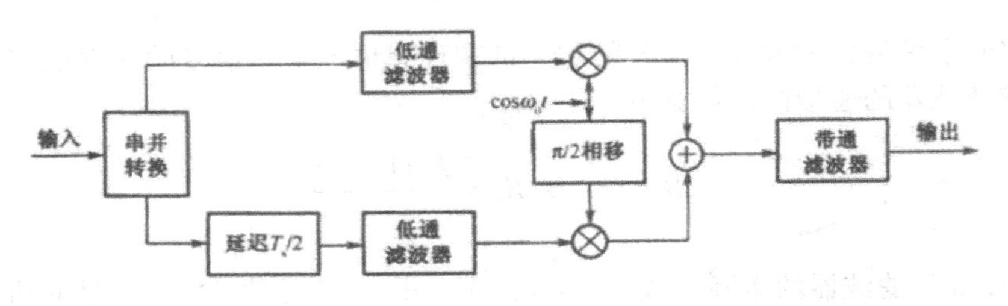

图 3-41　OQPSK 调制原理框图

OQPSK 信号可以采用正交相干解调的方式，原理框图如图 3-42 所示。其中正交支路信号的判决时间比同相支路延迟了 $\frac{T_s}{2}$，以此来保证两路信号交错抽样。

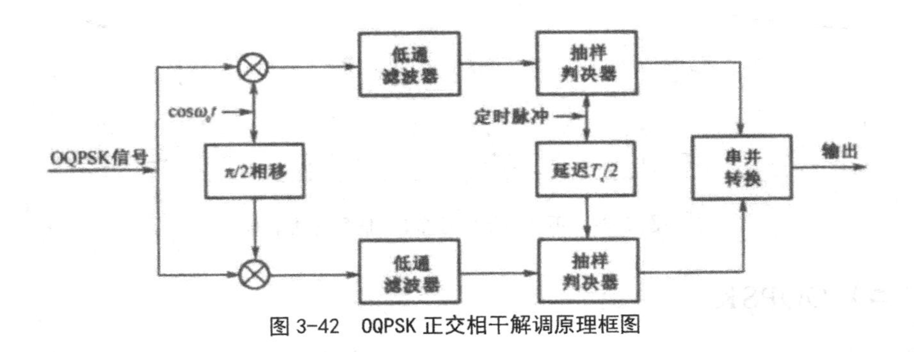

图 3-42　OQPSK 正交相干解调原理框图

（三）π /4-QPSK

1. *π/4-QPSK* 信号的产生

π/4-QPSK 调制是对 OQPSK 和 QPSK 在最大相位变化上进行折中。它可以用相干或非相干方法进行解调。在 *π/4-QPSK* 中，最大相位变化限制在 ±135° 。因此，带宽受限的 QPSK 信号在恒包络性能方面较好，但是在包络变化方面比 OQPSK 要敏感。非常吸引人的一个特点是，*π/4-QPSK* 可以采用非相干检测解调，这将大大简化接收机的设计。在采用差分编码后，*π/4-QPSK* 可成为 *π/4-DQPSK*。设已调信号为

$$s(t) = \cos\left(\omega_c t + \theta_k\right)$$

式中，θ_k 为 kT„ t„$(k+1)T$ 间的附加相位。上式展开为

$$s(t) = \cos\left(\omega_c t + \theta_k\right) = \cos\omega_c t\cos\theta_k - \sin\omega_c t\sin\theta_k$$

式中，θ_k 是前一码元附加相位 θ_{k-1} 与当前码元相位跳变量 Äθ_k 之和。当前相位的表示如下

$$\theta_k = \theta_{k-1} + \text{Ä}\theta_k$$

设当前码元两正交信号分别为：

$$U_1(t) = \cos\theta_k = \cos\left(\theta_{k-1} + \Delta\theta_k\right) = \cos\theta_{k-1}\cos\Delta\theta_k - \sin\theta_{k-1}\sin\Delta\theta_k$$
$$U_Q(t) = \sin\theta_k = \sin\left(\theta_{k-1} + \Delta\theta_k\right) = \sin\theta_{k-1}\cos\Delta\theta_k + \cos\theta_{k-1}\sin\Delta\theta_k$$

令前一码元两正交信号幅度为 $U_{\mathrm{Qm}} = \sin\theta_{k-1}$，$U_{\mathrm{Im}} = \cos\theta_{k-1}$，则有

$$U_{\mathrm{I}}(t) = U_{\mathrm{Im}}\cos\Delta\theta_k - U_{\mathrm{Qm}}\sin\Delta\theta_k$$
$$U_{\mathrm{Q}}(t) = U_{\mathrm{Qm}}\cos\Delta\theta_k + U_{\mathrm{Im}}\sin\Delta\theta_k$$

可知，码元转换时刻的相位跳变只有$\pm\frac{\pi}{4}$和$\pm\frac{3\pi}{4}$四种取值，所以信号的相位也必定在图 3-43 所示的组之间跳变，而不可能产生如 QPSK 信号一样的 $\pm\pi$ 的相位跳变。信号的频谱特性得到了较大的改善。U_{Q} 和 U_1 只可能有$0,\pm\frac{1}{\sqrt{2}},\pm1$这 5 种取值，且 0、±1 和$\pm\frac{1}{\sqrt{2}}$相隔出现。π / 4 — QPSK 调制电路如图 3-44 所示。

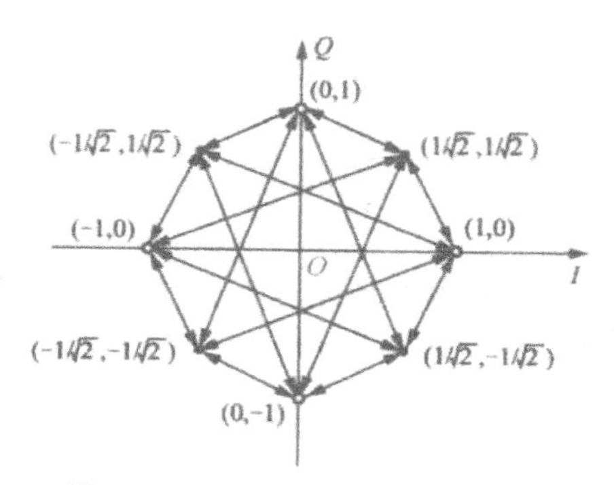

图 3-43　π / 4 — QPSK 的相位关系图

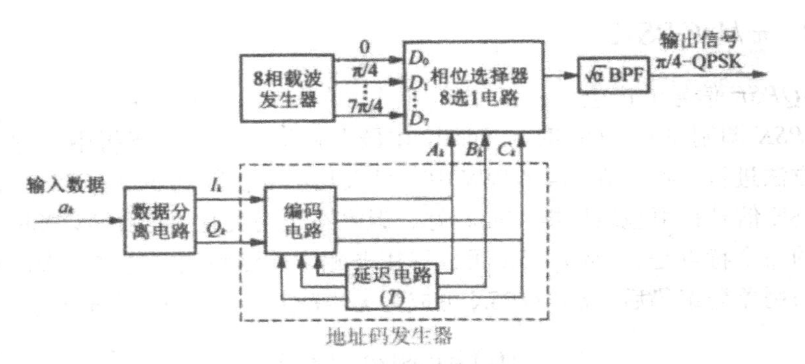

图 3-44　$\pi/4-$QPSK 调制电路

2. $\pi/4-$QPSK 信号的解调

（1）基带差分检测

基带差分检测电路如图 3-45 所示。

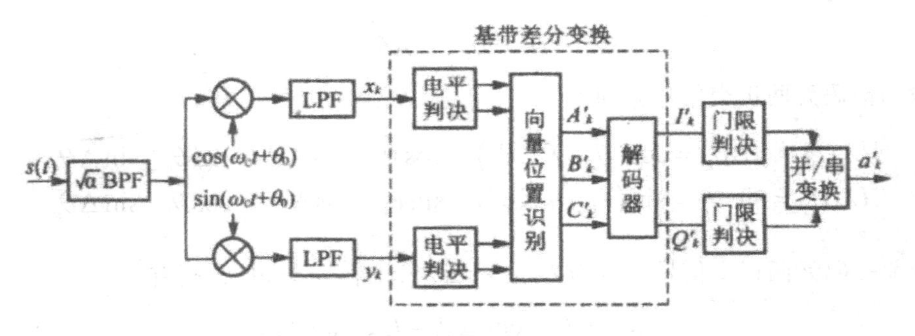

图 3-45　基带差分检测电路

设接收信号为

$$s(t)=\cos\left(\omega_c t+\theta_k\right), kT \leqslant t \leqslant (k+1)T$$

$s(t)$ 经高通滤波器（$\sqrt{2}$BPF）、相乘器、低通滤波器（LPF）后两路输出 x_k, y_k 分别为

$$x_k=\frac{1}{2}\cos\left(\theta_k-\theta_0\right)$$

$$y_k=\frac{1}{2}\sin\left(\theta_k-\theta_0\right)$$

式中，θ_0 是本地载波信号的固有相位差。x_k、y_k 取值为 ±1、0、$\pm\frac{1}{\sqrt{2}}$。

令基带差分变换规则为

$$I_k^{'}=x_k x_{k-1}+y_k y_{k-1}$$

$$Q_k^{'}=y_k x_{k-1}-x_k y_{k-1}$$

由此可得

$$I_k' = \frac{1}{4}\cos\Delta\theta_k$$

$$Q_k' = \frac{1}{4}\sin\Delta\theta_k$$

θ_0 对检测信息无影响。接收机接收信号码元携带的双比特信息判断如下

$$Q_k' > 0 \text{判为} 1$$

$$Q_k' < 0 \text{判为 } 0$$

$$I_k' > 0 \text{判为 } 1$$

$$I_k' < 0 \text{判为 } 0$$

（2）中频延迟差分检测

中频延迟差分检测电路也如图 3-46 所示。

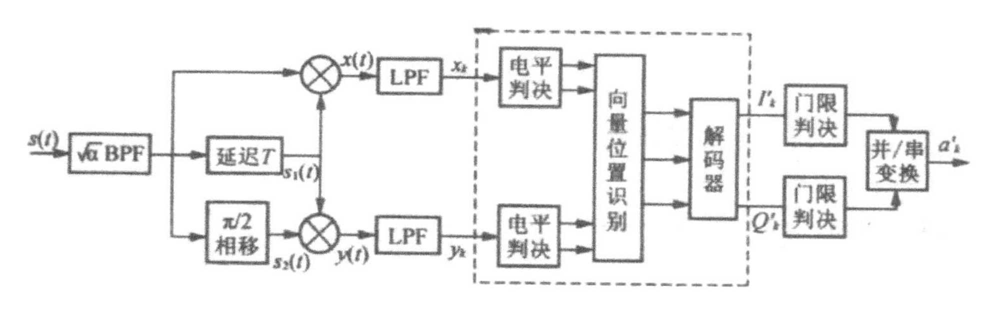

图 3-46　中频延迟差分检测电路

该检测电路的特点是在进行基带差分变换时无须使用本地相干载波

$$s(t) = \cos\left(\omega_c t + \theta_k\right), kT \leqslant t \leqslant (k+1)T$$

经延时电路和 $\frac{\pi}{2}$ 相移电路后输出电压为：

$$s_1(t) = \cos\left(\omega_c t + \theta_{k-1}\right), kT \leqslant t \leqslant (k+1)T$$
$$s_2(t) = -\sin\left(\omega_c t + \theta_k\right), kT \leqslant t \leqslant (k+1)T$$

$s(t)$ 经 $\sqrt{2}$ BPF 分别与 $s_1(t), s_2(t)$ 经相乘后的输出电压为

$$x(t) = \cos\left(\omega_c t + \theta_k\right)\cos\left(\omega_c t + \theta_{k-1}\right)$$
$$y(t) = -\sin\left(\omega_c t + \theta_k\right)\cos\left(\omega_c t + \theta_{k-1}\right)$$

$x(t),y(t)$ 经 LPF 滤波后输出电压为：

$$x_k = \frac{1}{2}\cos\Delta\theta_k$$

$$y_k = \frac{1}{2}\sin\Delta\theta_k$$

此后的基带差分及数据判决过程与基带差分检测相同。

（3）鉴频器检测（FMdiscriminator）

图 3-47 给出了 $\pi/4-$QPSK 信号的鉴频器检测工作原理框图。输入的信号先经过带通滤波器，而后经过限幅去掉包络起伏。鉴频器取出接收相位的瞬时频率偏离量。通过一个符号周期的积分和释放电路，得到两个样点的相位差。该相位差通过四电平的门限比较得到原始信号。相位差可以用模 2 检测器进行检测。

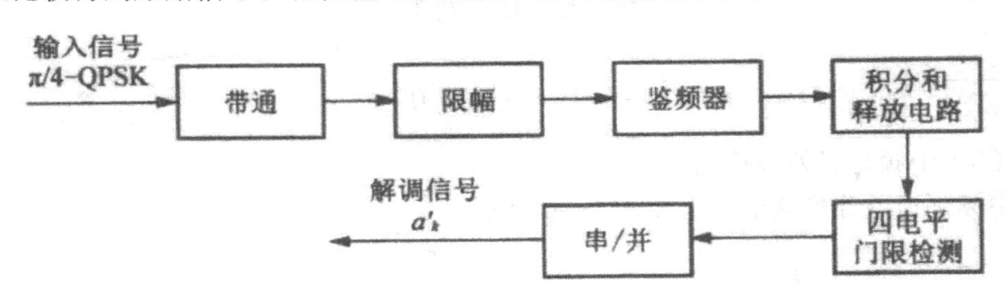

图 3-47　$\pi/4-$QPSK 信号的鉴频器检测工作原理框图

3. $\pi/4-$QPSK 信号的误码性能

（1）频功率特性

$\pi/4-$QPSK 信号的功率谱如图 3-48 所示。

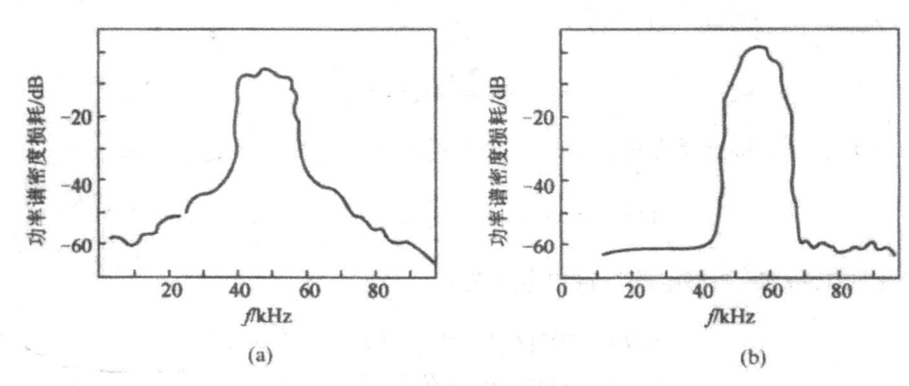

图 3-48　$\pi/4-$QPSK 信号的功率谱密度曲线

（a）无负反馈控制；（b）有负反馈控制

（2）误码性能

$\pi/4-$QPSK 误码性能与所采用的检测方式有关。采用基带差分检测方式的误比特率与比特能量噪声功率密度比 $\frac{E_b}{N_0}$ 之间的关系式为

$$P_e = e^{-\frac{2E_b}{N_0}} \sum_{k=0}^{\infty} (\sqrt{2}-1)^k I_k\left(\sqrt{2}\frac{E_b}{N_0}\right) - \frac{1}{2} I_0\left(\sqrt{2}\frac{E_b}{N_0}\right) e^{-\frac{2E_b}{N_0}} \quad (3-11)$$

式中$I_k\left(\sqrt{2}\frac{E_b}{N_0}\right)$是参量为$\sqrt{2}\frac{E_b}{N_0}$的$K$阶修正第一类贝塞尔函数。

在稳态高斯信道中，根据式(3-11)可做出$\pi/4-$QPSK基带差分检测误码性能曲线，如图3-49所示。它比实际的差分检测曲线高2dB的功率增益，比QPSK相干检测曲线差3dB功率增益。

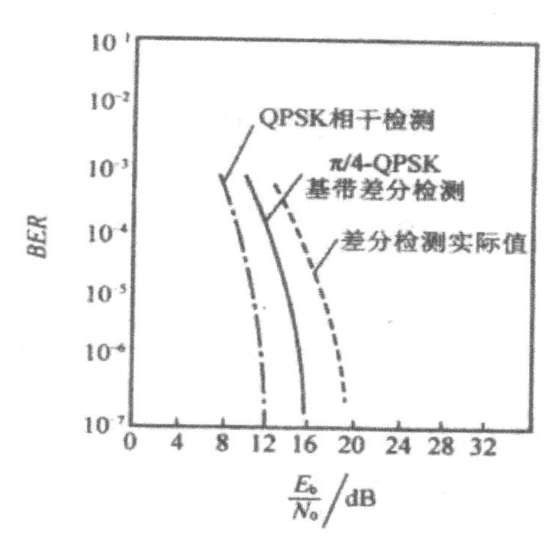

图3-49 稳态高斯信道中的误码性能曲线

在快衰落信道条件下，误码性能曲线如图3-50所示。它是以多普勒频移f_D作为参量的一组曲线。由图可见，当$f_D=80$Hz时，只要$\frac{E_b}{N_0}=26$dB，即可得误码率BER < 10-3，其性能仍优于一般的恒包络窄带数字调制技术。

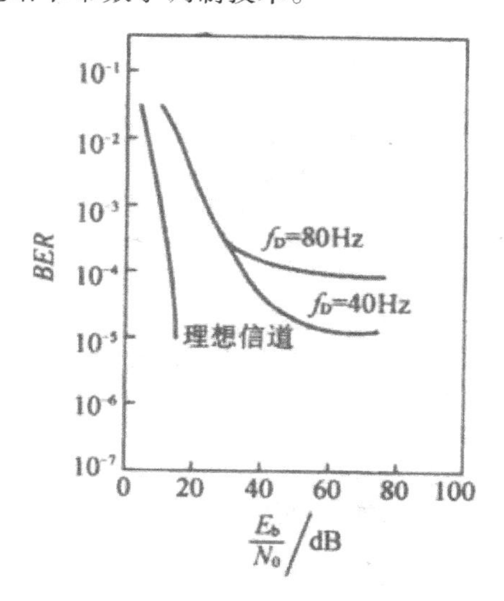

图3-50 快衰落信道条件下的误码性能曲线

实践证明，π/4－QPSK信号具有频谱特性好、功率效率高、抗干扰能力强等特点。可以在25kHz带宽内传输32Kbps的数字信息，从而有效地提高了频谱利用率，增大了系统容量。对于大功率系统，易引入非线性，从而破坏线性调制的特征。因而π/4－QPSK信号在数字移动通信中，特别是低功率系统中得到了广泛应用。

二、高阶调制

（一）M进制移相键控（MPSK）

MPSK信号是使用MPAM数字基带信号对载波的相位进行调制得到的，每个M进制的符号对应一个载波相位，MPSK信号可以表示为：

$$s_i(t)=g_{\mathrm{T}}(t)\cos\left[\omega_{\mathrm{c}}t+\frac{2\pi(i-1)}{M}\right]$$

$$=g_{\mathrm{T}}(t)\left[\cos\frac{2\pi(i-1)}{M}\cos\omega_{\mathrm{c}}t-\sin\frac{2\pi(i-1)}{M}\sin\omega_{\mathrm{c}}t\right] \quad (3\text{-}12)$$

式中$i=1,2,\cdots,M;0$„ t„ T_{s}。

每个MPSK信号的能量为E_{s}，即：

$$E_{\mathrm{s}}=\int_0^{T_s}s_i^2(t)\mathrm{d}t=\frac{1}{2}\int_0^{T_{\mathrm{s}}}g_{\mathrm{T}}^2(t)\mathrm{d}t=\frac{1}{2}E_{\mathrm{g}}$$

由式（3-12）看出可以把MPSK信号映射到一个二维的矢量空间上，这个矢量空间的两个归一化正交基函数为：

$$f_1(t)=\sqrt{\frac{2}{T_s}}\cos\omega_c t$$

$$f_2(t)=-\sqrt{\frac{2}{T_{\mathrm{s}}}}\sin\omega_{\mathrm{c}}t$$

MPSK信号的正交展开式为：

$$s_i(t)=s_{i1}f_1(t)+s_{i2}f_2(t)$$

其中

$$s_{i1}=\int_0^T s_i(t)f_1(t)\mathrm{d}t \quad s_{i2}=\int_0^T s_i(t)f_2(t)\mathrm{d}t$$

MPSK信号的二维矢量表示为：

$$s_i = (s_{i1}, s_{i2})$$

相邻符号间的欧氏距离为：

$$d_{\min} = \sqrt{E_g \left(1 - \cos\frac{2\pi}{M}\right)}$$

8PSK 和 16PSK 的信号星座图如图 3-51 所示。

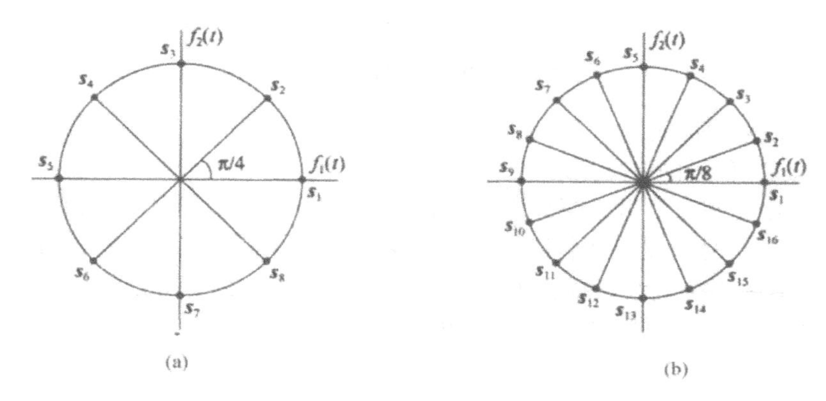

图 3-51　8PSK 和 16PSK 的信号星座图
（a）8PSK 信号空间图；（b）16PSK 信号空间图

（二）MQAM调制

1.MQAM 信号的产生和解调

图 3-52 给出了 MQAM 调制原理框图。下图中输入的二进制序列经过串并转换器输出速率减半的两路并行序列，分别经过 2 到 $L(L=\sqrt{M})$ 电平变换，形成三电平的基带信号 $m_I(t)$ 和 $m_Q(t)$。为了抑制已调信号的带外辐射，$m_I(t)$ 和 $m_Q(t)$ 需要经过预调低通滤波器，再分别与同相载波和正交载波相乘，最后将两路信号相加即可得到 MQAM 信号。

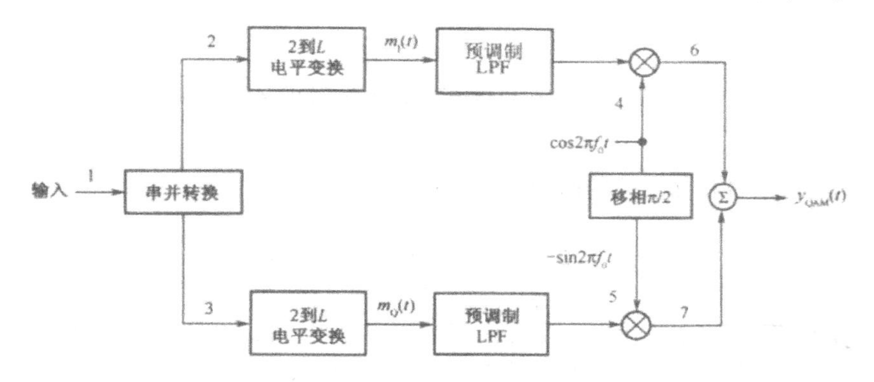

图 3-52　MQAM 调制原理框图

MQAM 可以采用正交相干解调方法，其解调原理框图如图 3-53 所示。

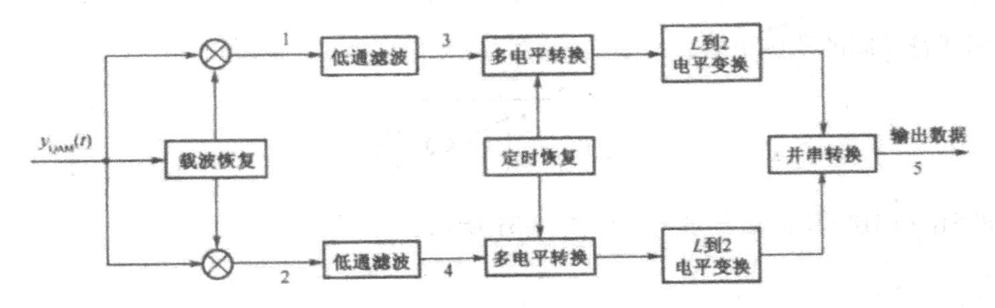

图 3-53　MQAM 解调原理框图

2.MQAM 信号的性能

（1）MQAM 信号的抗噪性能

在矢量图中相邻点的最小距离直接代表噪声容限的大小。当信号受到噪声和干扰的损害时，接收信号错误概率将随之增大。将 16QAM 信号和 16PSK 信号的性能做一比较，在图 3-54 中按最大振幅相等，由此画出这两种信号的星座图。设其最大振幅为 A_M，则 16PSK 信号相邻点间的欧氏距离为

$$d_{16PSK} \approx A_M\left(\frac{\pi}{8}\right) = 0.393A_M \qquad (3\text{-}13)$$

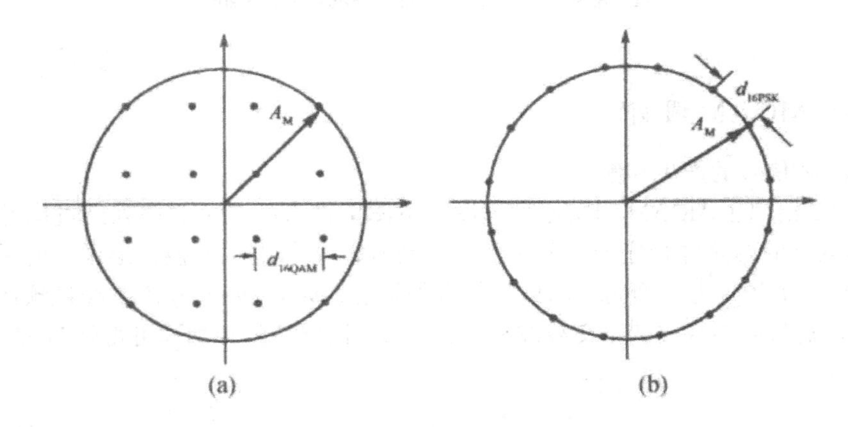

图 3-54　16QAM 信号和 16PSK 信号的星座图

（a）16QAM；（b）16PSK

而 16QAM 信号相邻点间的欧氏距离为

$$d_{16QAM} \approx \frac{\sqrt{2}A_M}{3} = 0.471A_M \qquad (3\text{-}14)$$

d_{16PSK} 和 d_{16QAM} 的比值代表这两种体制的噪声容限之比。可以看出，在其他条件相同的情况下，采用 QAM 调制可以增大各信号间的距离，提高抗干扰能力。

（2）MQAM 信号的频带利用率

每个电平包含的比特数目越多，效率就越高。MQAM 信号是由同相支路和正交支路的上进制的 ASK 信号叠加而成的，所以 MQAM 信号的信息频带利用率为：

$$\eta=\frac{\log_2 M}{2}=\log_2 L$$

但需要指出的是，QAM 的高频带利用率是以牺牲其抗干扰性能为代价获得的，进制数越大，信号星座点数越多，其抗干扰性能就越差。因为随着进制数的增加，不同信号星座点间的距离变小，噪声容限减小，同样噪声条件下的误码率则会增加。

第四章 多址接入与抗衰落技术

第一节 多址接入技术

一、基本原理

移动通信中的多址接入是指多个移动用户通过不同的地址可以共同接入某个基站，原理上与固定通信中的多路复用相似，但有所不同。多路复用的目的是区分多个通路，通常在基带和中频上实现，而多址区分不同的用户地址，一般需要利用射频来实现。为了让多址信号之间互不干扰，无线电信号之间必须满足正交特性。信号的正交特性利用正交参量 $\lambda_i(i=1,2,\cdots n)$ 来实现。发送端设有一组相互正交信号为：

$$X_t=\sum_{i=1}^{n}\lambda_i x_i(t)$$

式中，$x_i(t)$ 为第 i 个信号，λ_i 为第 i 个用户的正交量，且满足

$$\lambda_i\cdot\lambda_j=\begin{cases}1,i=j\\0,i\neq j\end{cases}$$

在接收端设计一个正交信号识别器，如图 4-1 所示，即可获得所需的信号。

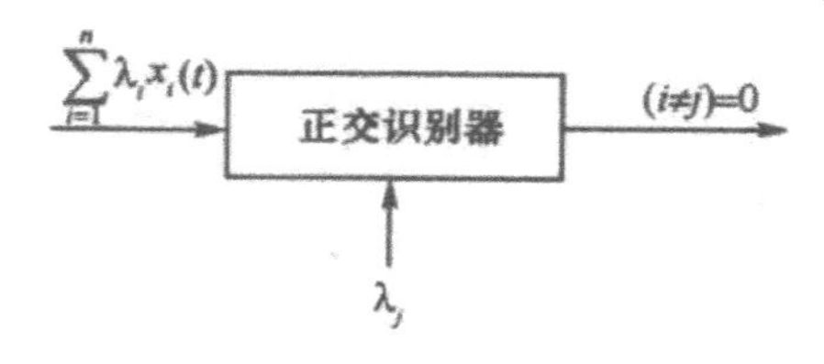

图 4-1 正交识别器

正交参量确定后则可确定多址方式，即确定了信号传输的信道。

二、FDMA方式

FDMA 即频分多址，是利用频率作为正交参量的多址方式，所以用户能够同时发送信号，信号之间通过不同的工作频率来区分。采用 FDMA 方式的系统的正向和反向信道可有 TDD 和 FDD 两种区分方法，其如图 4-2 所示。

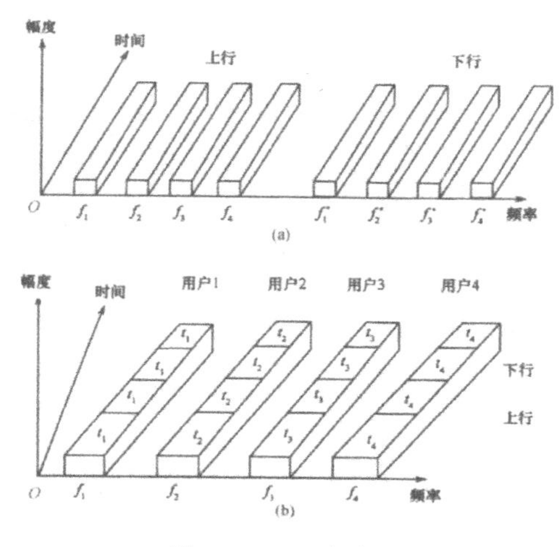

图 4-2　FDMA 方式

（a）FDMA/FDD；（b）FDMA/TDD

由图可见，在频率轴上，前向信道占有较高的频带，反向信道占有较低的频带，两者之间留有保护频段，保护频段一般必须大于一定数值。除此之外，用户信道之间通常要设有载频间隔，以避免系统频率漂移造成频道间的重叠。

图 4-3 列出了 AMPS、TACS 和 CT-2 三种制式的多址方式。

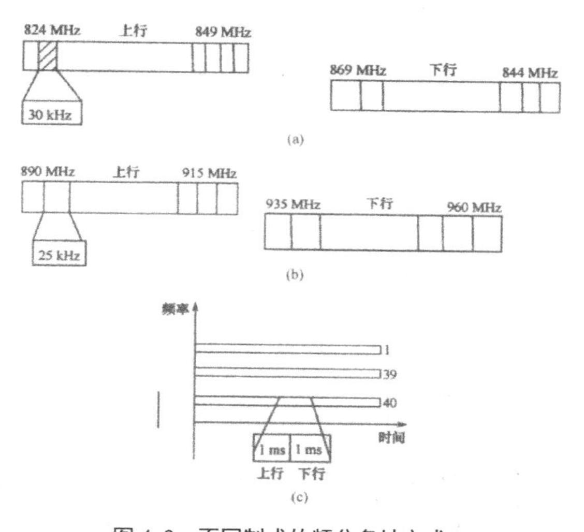

图 4-3　不同制式的频分多址方式

（a）AMPS 中的 FDMA/FDD；（b）TACS 中的 FDMA/FDD；

（c）CT-2 中的 FDMA/TDD

三、TDMA方式

TDMA 即时分多址，是正交参量为时间多址方式，不同的用户利用不同的时隙完成通信任务。在 TDMA 系统中，正向和反向信道也有两种方式，即 FDD 和 TDD，其信道分配如图 4-4 所示。

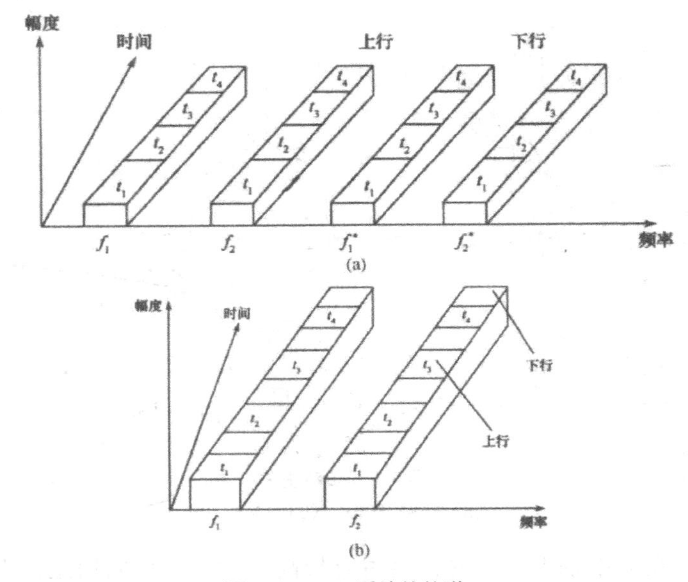

图 4-4 TDMA 系统的信道

（a）TDMA/FDD 和多载波；（b）TDMA/TDD 和多载波

TDMA 帧是 TDMA 系统的基本单元，其由时隙组成，每一个时隙由传输的信息，包括待传数据和一些附加的数据组成，图 4-5 所示为一个完整的 TDMA 帧。

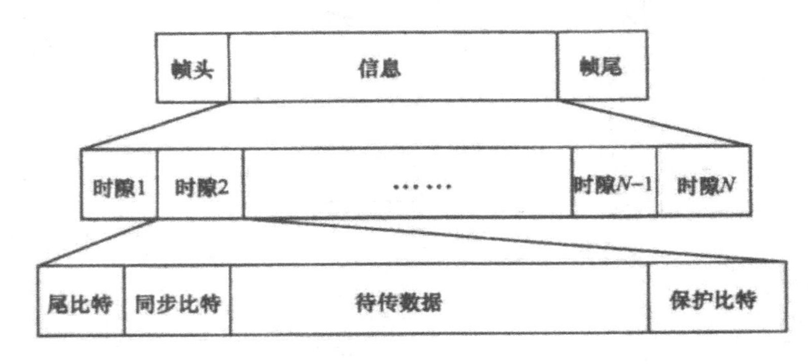

图 4-5 一个完整的 TDMA 帧

与 FDMA 相比 TDMA 最主要的优势是其格式的灵活性，其缓冲和多路复用均可灵活配置，不同用户时隙分配随时可以调整，为不同的用户提供不同接入速率。应用 TDMA 方式的移动通信系统有 GSM（图 4-6）和 DECT（图 4-7）。

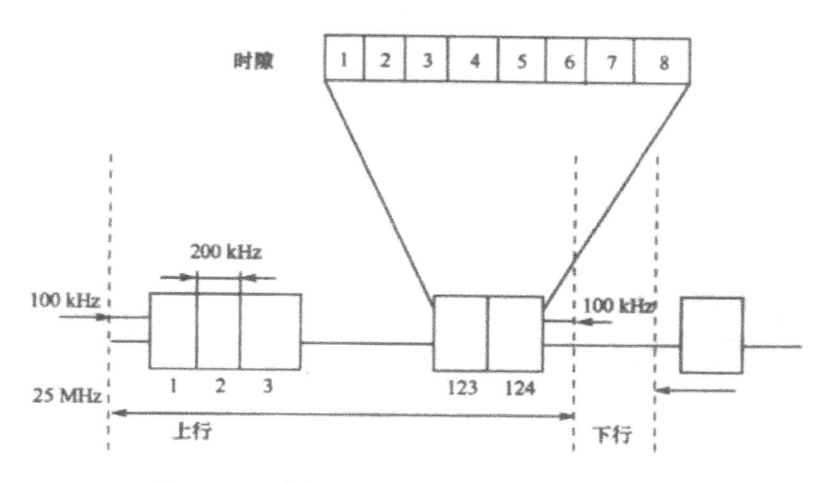

图 4-6　GSM 系统的信道设置（FDMA/TDMA/FDD）示意图

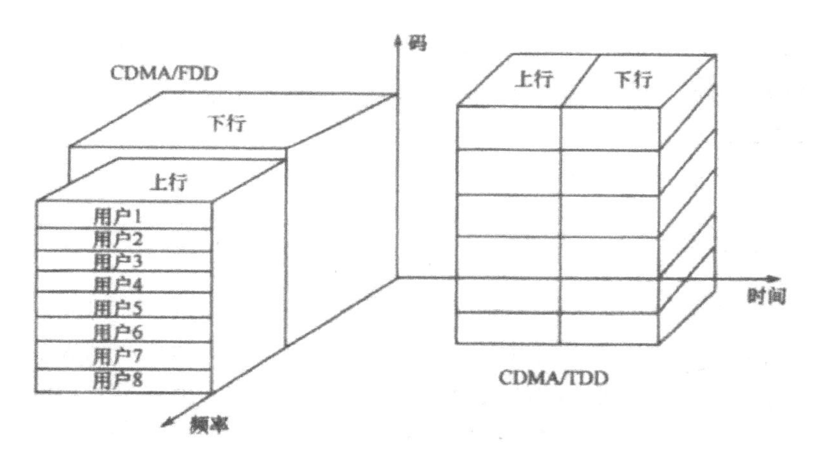

图 4-7　DECT 系统的信道设置（FDMA/TDMA/TDD）示意图

四、CDMA方式

CDMA 即码分多址，其是利用码型作为正交参量的多址方式。不同的用户通过码型区分，称为地址码。在通信过程中，正向和反向信道的区分也有两种方式，即 FDD 和 TDD，如图 4-8 所示。

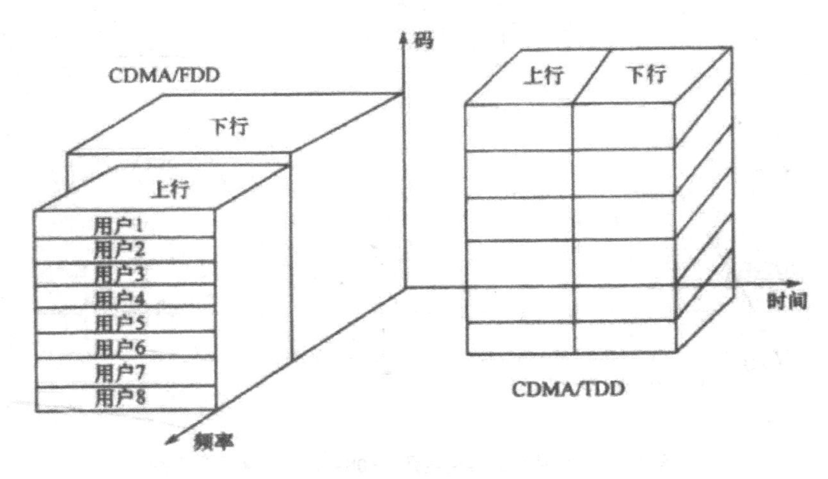

图 4-8 CDMA 的信道

CDMA 系统中的用户共享一个频率，其系统容量可以扩充，只会影响通信质量，不会造成硬阻塞现象。由于不同用户所采用的地址码对于信号有扩展频谱的作用，一方面可以减少多径衰落的影响，另一方面根据香农定理，信号功率谱密度可大大降低，从而提高抗窄带干扰的能力和频率资源的使用率。

五、SDMA方式

SDMA 即空分多址，是通过空间的分割来区别不同的用户，即将无线传输空间按方向将小区划分成不同的子空间以实现空间的正交隔离。自适应阵列天线是其中的主要技术实现方式，可实现极小的波束和无限快的跟踪速度，能够有效接收每一用户所有有效能量，克服多径影响。SDMA 也可以与 FDMA、TDMA 和 CDMA 结合，在同一波束范围内的不同用户也可以区分，以便进一步提高系统容量。图 4-9 是 SDMA 方式示意图。

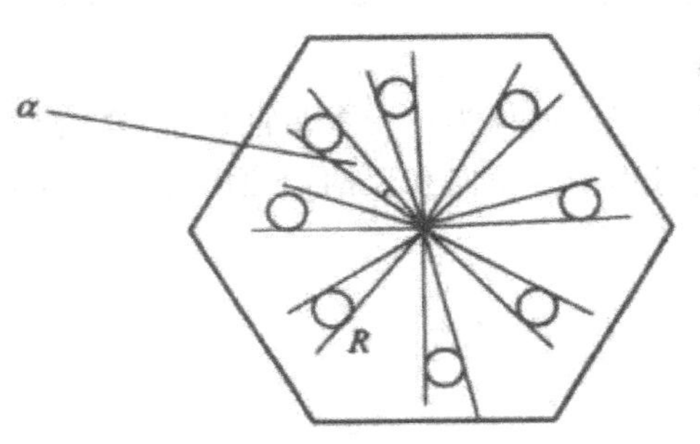

图 4-9 SDMA 方式示意图

六、OFDM多址方式

OFDM 的基本原理是采用一组正交子载波并行地传输多路信号，且每一路低速数据流综合形成一路高速数据流。对每一路信号而言，其低速率特点使符号周期展宽，则多径效应产生的时延扩展相对变小，从而提高数据传输性能。第四代移动通信系统中 OFDM 也是备选的方式之一。图 4-10 则为 OFDM 符号的时域波形和频谱结构示意图。

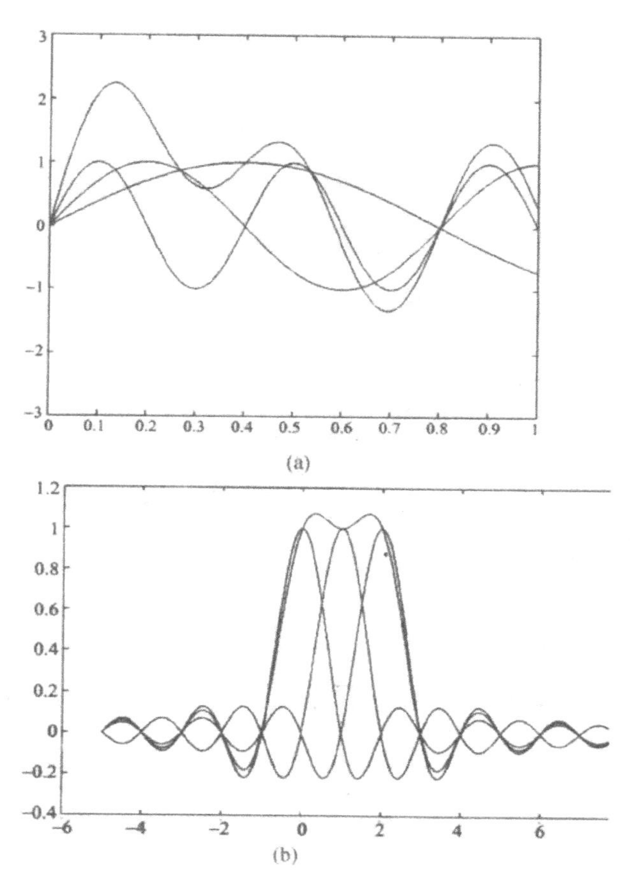

图 4-10　OFDM 符号时域波形和频谱结构示意图
（a）时域波形；（b）频谱结构

OFDM 作为一种多载波调制技术，与传统的多址技术结合可实现多用户 OFDM 系统，如 OFDM-TDMA、OFDMA 和多载波 CDMA 等。

七、随机多址方式

与固定分配方式不同，随机分配资源使用户在需要发送信息时接入网络，从而获得等级可变的服务。若用户同时要求获得通信资源，则将不可避免地发生竞争，导致用户的冲突，因此，随机多址方式有时也称为基于竞争的方式或竞争方式。移动通信系统中随机多址方式主要用于数据传输，共有两大类，第一类是基于 ALOHA 的接入方式（图 4-11）；第二类是基于载波侦听（CSMA）的随机接入方式（图 4-12）。

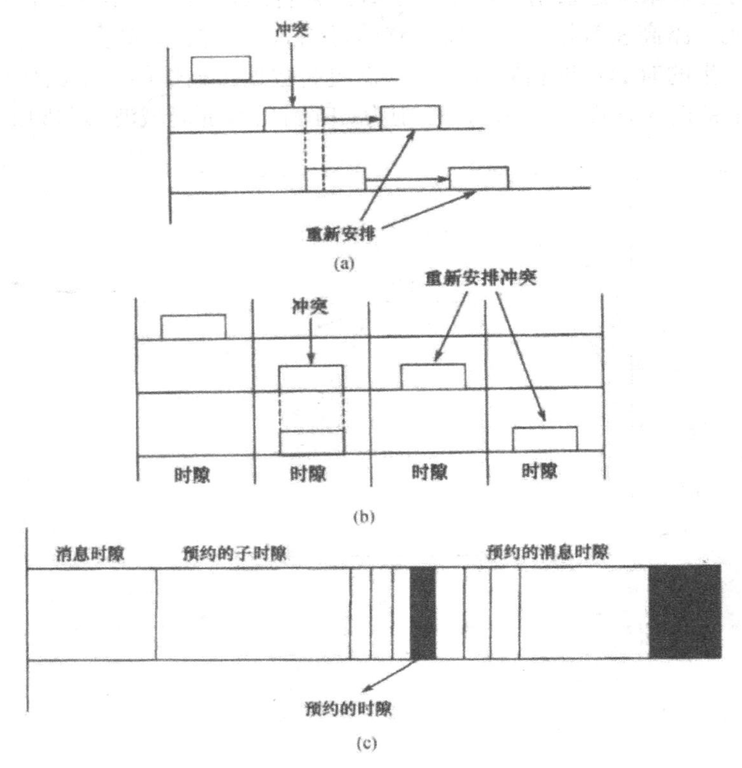

图 4-11　ALOHA 多址协议

（a）纯 ALOHA；（b）时隙 ALOHA；（c）预约 ALOHA

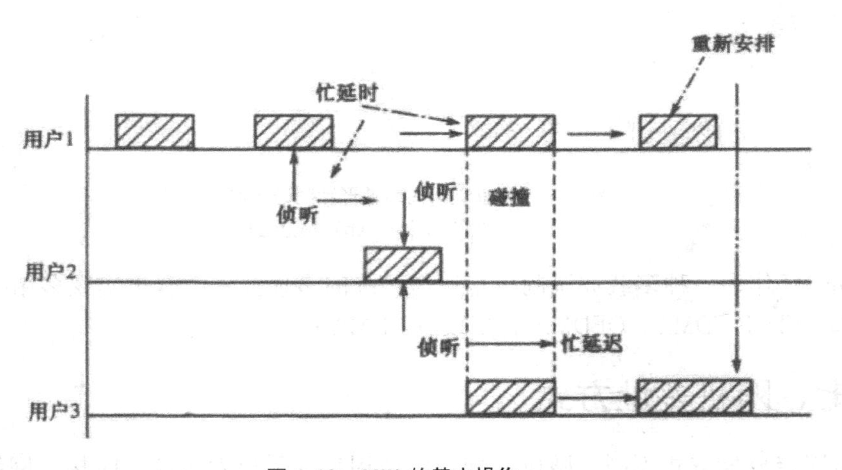

图 4-12　CSMA 的基本操作

第二节　分集技术

一、分集的类型

分集是指通过两条或两条以上的途径传输同一信息，只要不同路径的信号是统计独立的，并且到达接收端后按一定规则适当合并，则会大大减少衰落的影响，改善系统性能。例如，人用两只眼睛和两只耳朵分别来接收图像信号和声音信号就是典型的分集接收，一只眼睛肯定不如两只眼睛看得更清楚、更全面，一只耳朵的接收效果肯定不如两只耳朵的接收效果好。

分集技术有很多种，从不同角度划分，有不同种分集。①从分集的目的划分：可分为宏观分集和微观分集。②从信号的传输方式划分：可分为显分集和隐分集。③从多路信号的获得方式划分：可分为空间分集、极化分集、时间分集、频率分集或角度分集等。

（一）宏观分集

为了消除由于阴影区域造成的信号衰落，可以在两个不同的地点设置两个基站，情况如图 4-13 所示。这两个基站可以同时接收移动台的信号。由于这两个基站的接收天线相距甚远，所接收到的信号的衰落是相互独立、互不相关的。用这样的方法我们获得两个衰落独立、携带同一信息的信号。

由于传播的路径不同，所得到的两个的信号强度（或平均功率）一般是不等的。设基站 A 接收到的信号中值为 m_A，基站 B 接收到的信号中值为 m_B，它们都服从对数正态分布。若 $m_A > m_B$，则确定用基站 A 与移动台通信；若，$m_A < m_B$，则确定用基站 B 与移动台通信。移动台在 B 路段运动时，可以和基站 B 通信；而在 A 路段则和基站 A 通信。从所接收到的信号中选择最强信号，这也是宏观分集中所采用的信号合并技术。

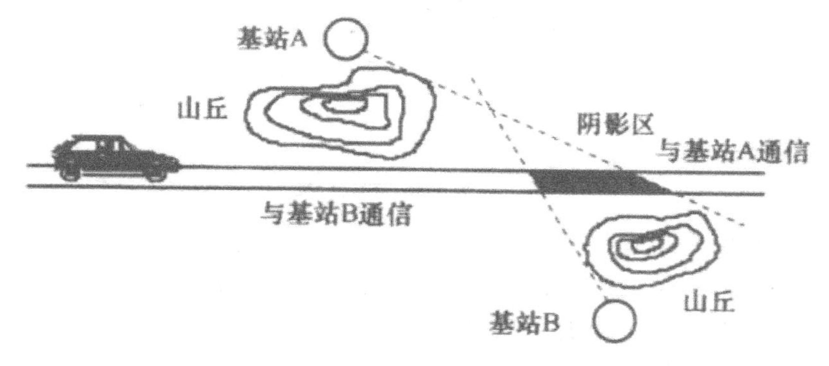

图 4-13　宏观分集

宏观分集所设置的基站数可以不止一个，结合需要而定。宏观分集也称为多基站分集。

（二）微观分集

1. 空间分集

空间分集包括接收空间分集和发射空间分集，指在接收端或发送端各放置几幅天线，各天线的空间位置要相距足够远，一般要求间距应大于等于工作波长的一半，以保证各天线接收或发射的信号彼此独立。以接收空间分集为例，在接收端以不同天线接收来自同一发射端送过来的无线信号，并经适当合并得到信号，如图 4-14 所示。空间分集又分为水平空间分集和垂直空间分集，即表示分别在水平位置放置天线或在垂直高度上放置天线。

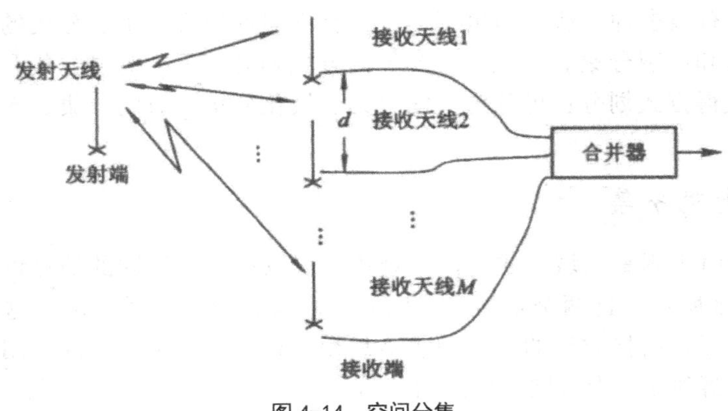

图 4-14　空间分集

2. 极化分集

极化分集（图 4-15）是指分别接收水平极化波和垂直极化波的分集方式。因为水平极化波和垂直极化波彼此正交，相关性很小，由此分集效果明显。

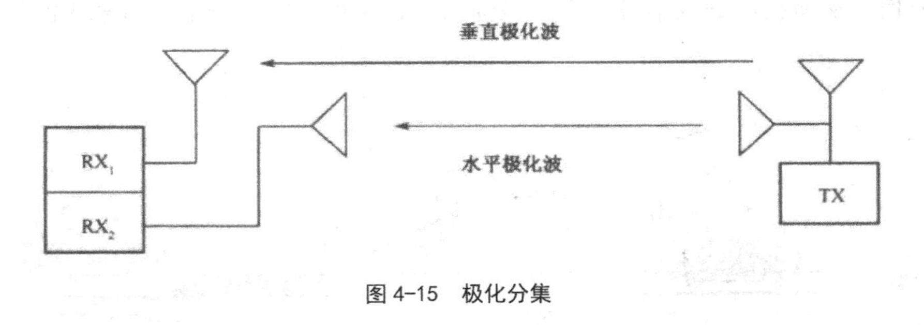

图 4-15　极化分集

3. 时间分集

时间分集（图 4-16）是指将同一信号在不同时刻多次发送。当时间间隔足够大时，接收端接收到的不同时刻的信号基本互不相关，以此来达到分集的效果。直序扩频可以看作一种时间分集。

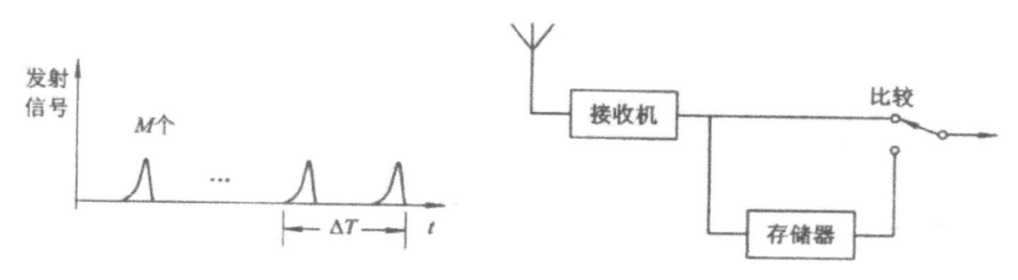

图 4-16　时间分集

4. 频率分集

频率分集(图 4-17)是指将同一信号采用多个频率进行传送。当频率间隔足够大时，由于电波空间对不同频率的信号产生相对独立的衰落特性，因此各频率信号之间彼此独立。在移动通信系统中，通常可采用跳频扩频技术实现频率分集。

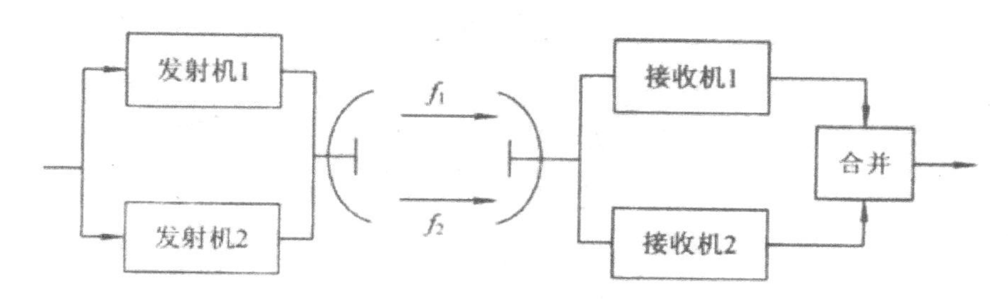

图 4-17　频率分集

在实际的应用中，一种实现频率分集的方法是采用跳频扩频技术。它把调制符号在频率快速改变的多个载波上发送，该情况如图 4-18 所示。采用跳频方式的频率分集很适合于采用 TD-MA 接入方式的数字移动通信系统。由于瑞利衰落和频率有关，在同一地点，不同频率的信号衰落的情况是不同的，所有频率同时严重衰落的可能性很小，如图 4-19 所示。当移动台静止或以慢速移动时，通过跳频获取频率分集的好处是明显的；当移动台高速移动时，跳频没什么帮助，也没什么危害。数字蜂窝移动电话系统（GSM）在业务密集的地区常常采用跳频技术，以改善接收信号的质量。

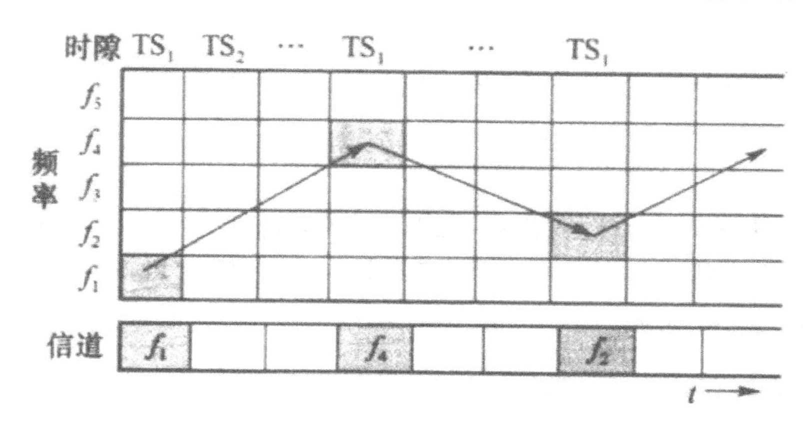

图 4-18　调频图案

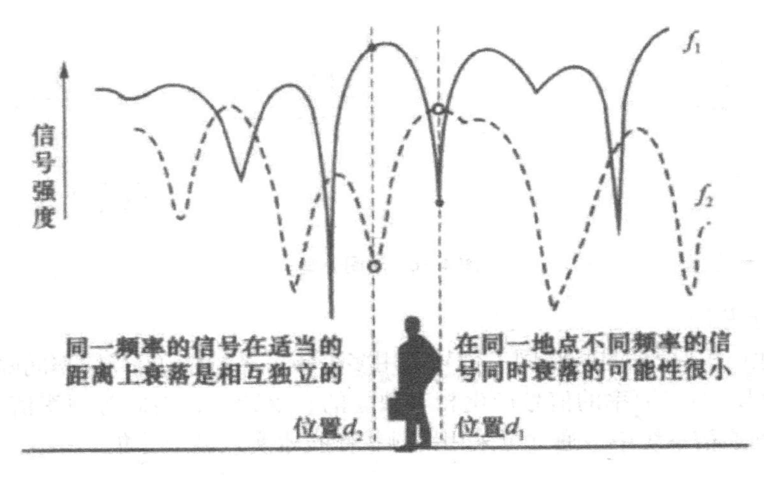

图 4-19　瑞利衰落引起信号强度随地点、频率变化

5. 角度分集

角度分集（图 4-20）是指利用天线波束的不同指向来传送同一信号的方式。指向不同，对应的角度不同。由于来自不同方向的信号彼此互不相关，进而达到分集。

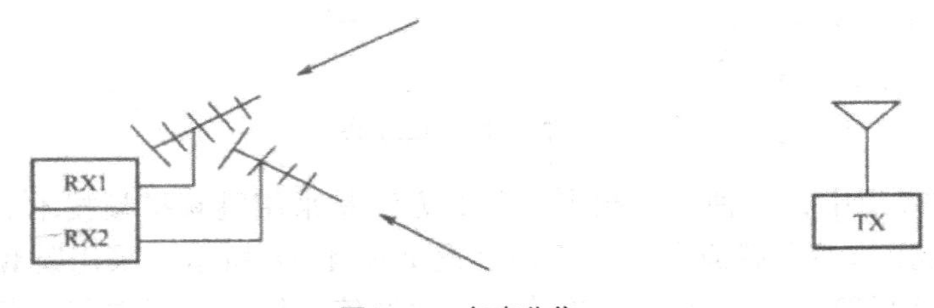

图 4-20　角度分集

分集技术由于减小了信号的衰落深度，从而增加了系统信噪比，提高了系统性能。与不采用分集技术相比，分集技术使系统性能改善的效果可以通过中断率、分集增益等指标来描述。中断率是指当接收信号功率低于某一值，致使噪声影响加大，从而使得电路发生中断的概率的百分数变大；中断率越低，分集效果越好。分集增益是指接收机在满足一定误码率和中断率的条件下，采用分集接收和不采用分集接收时接收机所需输入信噪比的差；显然分集增益越大，分集效果也越好。

二、分集合并的方式

采用分集技术接收下来的信号，按照一定的规则进行合并；合并方式不同，分集效果也不同。分集技术采用的合并方式主要包括以下几种。

（一）选择合并

从分集接收到的几个分散信号中选取具有最好信噪比的支路信号，作为最终输出的方式就是选择合并（Selective Combining），其基本原理如图 4-21 所示。

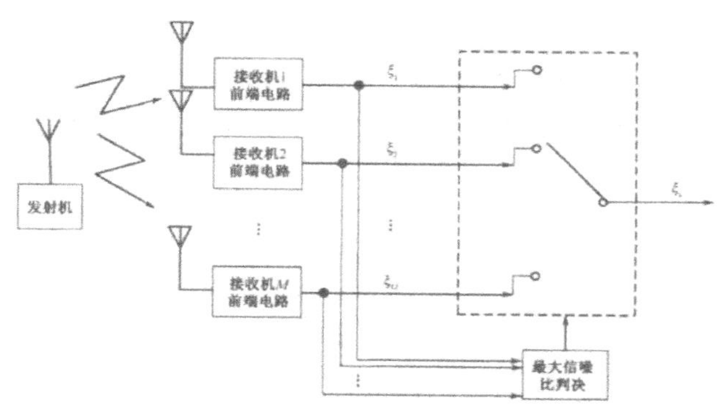

图 4-21　选择式合并的原理图

图中 M 个接收机分集接收到 M 个独立路径信号并送入选择逻辑电路，由选择逻辑电路根据信噪比最大准则进行判断，输出最好信噪比的支路信号。

选择式合并器的输出信噪比为

$$\xi_s = \max\{\xi_k\} = \max\left\{\frac{r_k^2}{2N_k}\right\}, k = 1,2,\cdots,M$$

式中，ξ_k 为第 k 条支路的信噪比；r_k 为第 k 条支路的信噪比；N_k 则为支路的噪声平均功率。

ξ_s 的均值为

$$\overline{\xi_s} = \int_0^\infty \xi_s p(\xi_s) \mathrm{d}\xi_s = \overline{\xi} \sum_{k=1}^{M} \frac{1}{k}$$

（二）最大比值合并

最大比值合并（Maximal Ratio Combining，MRC）是指接收端通过控制各分集支路增益，使各支路增益分别与本支路的信噪比成正比，然后再相加获得接收信号的方式。理论证明，最大比值合并方式是最佳的合并方式。图 4-22 列出了接收端有 M 个支路的最大比值合并方式的原理示意图。

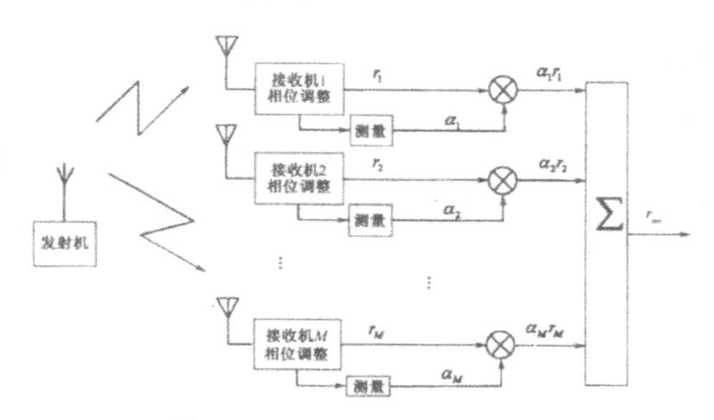

图 4-22　最大比值合并的原理图

图中每个支路都包含一个加权放大器，根据各支路信噪比的大小来分配加权的权重，信噪比大的支路分配大的权重，信噪比小的支路分配小的权重。除加权放大器之外，每个支路还包括一个可变移相器，并用于在合并前将各支路信号调整为同相，从而获得最大输出信噪比。

最大比值合并器的输出为

$$\xi_{\mathrm{mr}}=\frac{\frac{r_{\mathrm{mr}}^2}{2}}{N_{\mathrm{mr}}}=\frac{\left(\sum_{k=1}^{M}\alpha_k r_k\right)^2}{2\sum_{k=1}^{M}\alpha_k^2 N_k}$$

$$=\frac{\left(\sum_{k=1}^{M}\alpha_k\sqrt{N_k}\frac{r_k}{\sqrt{N_k}}\right)^2}{2\sum_{k=1}^{M}\alpha_k^2 N_k}$$

$$=\frac{\left(\sum_{k=1}^{M}\alpha_k^2 N_k\right)\left(\sum_{k=1}^{M}\frac{r_k^2}{N_k}\right)}{2\sum_{k=1}^{M}\alpha_k^2 N_k}$$

$$=\sum_{k=1}^{M}\frac{r_k^2}{2N_k}=\sum_{k=1}^{M}\xi_k$$

式中，a_k 为第 k 条支路的加权系数。

最大比值合并器的平均输出信噪比为

$$\overline{\xi}_{mr}=\sum_{k=1}^{M}\overline{\xi}_k=M\overline{\xi}$$

（三）等增益合并

在最大比值合并中各支路的加权系数都为 1 时就是等增益合并（Equal Gain Combining，EGC）。它是一种最简单的线性合并方式。由于等增益合并利用了各分集支路信号的信息，其改善效果要优于选择合并方式。等增益合并方式的原理图如图 4-23 所示。

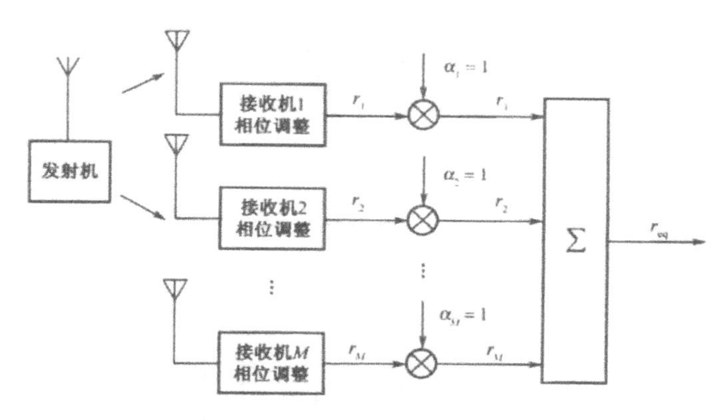

图 4-23　等增益合并原理图

设各支路噪声平均功率相等，则输出的信噪比为：

$$\xi_{eq}=\frac{\frac{1}{2}\left(\sum_{k=1}^{M}r_k\right)^2}{\sum_{k=1}^{M}N_k}=\frac{1}{2NM}\left(\sum_{k=1}^{M}r_k\right)^2$$

各支路的信噪比均值为：

$$\overline{\xi}_{eq}=\frac{1}{2NM}\overline{\left(\sum_{k=1}^{M}r_k\right)^2}=\frac{1}{2NM}\left(\sum_{k=1}^{M}\overline{r_k^2}+\sum_{\substack{j,k=1\\j\neq k}}^{M}\overline{r_k r_j}\right)$$

$$=\frac{1}{2NM}\left[2Mb^2+M(M-1)\frac{\pi b^2}{2}\right]$$

$$=\overline{\xi}\left[1+(M-1)\frac{\pi}{4}\right]$$

式中，$\overline{r_k\cdot r_j}=\overline{r_k}\cdot\overline{r_j},j\neq k;\overline{r_k^2}=2b^2;\overline{r_k}=b\sqrt{\frac{\pi}{2}}$。

（四）性能比较

为比较不同合并方式的性能，可以比较它们的输出平均信噪比与没有分集时的平均信噪比。这个比值称为合并方式的改善因子，用 D 表示。对选择合并方式，改善因子为

$$D_{\mathrm{s}}=\frac{\overline{\xi}_{\mathrm{s}}}{\overline{\xi}}=\sum_{k=1}^{M}\frac{1}{k}$$

对最大比值合并，改善因子为

$$D_{\mathrm{mr}}=\frac{\overline{\xi}_{\mathrm{mr}}}{\overline{\xi}}=M$$

对等增益合并，改善因子为

$$D_{\mathrm{eq}}=\frac{\overline{\xi}_{\mathrm{eq}}}{\overline{\xi}}=1+(M-1)\frac{\pi}{4}$$

通常用 dB 表示：$D(\mathrm{dB})=10\lg D$，图 4-24 给出了各种 D（dB）-M 的关系曲线。

由图 4-24 可见，信噪比的改善随着分集的重数增加而增加，在 M=2 ~ 3 时，增加很快，但随着 M 的继续增加，改善的速率放慢，特别是选择合并。考虑到随着 M 的增加，电路复杂程度也增加，实际的分集重数一般最高为 3 ~ 4。其在 3 种合并方式中，最大比值合并改善最多，其次是等增益合并，最差是选择合并，这是因为选择合并只利用其中一个信号，其余没有被利用，而前两者使各支路信号的能量都得到利用。

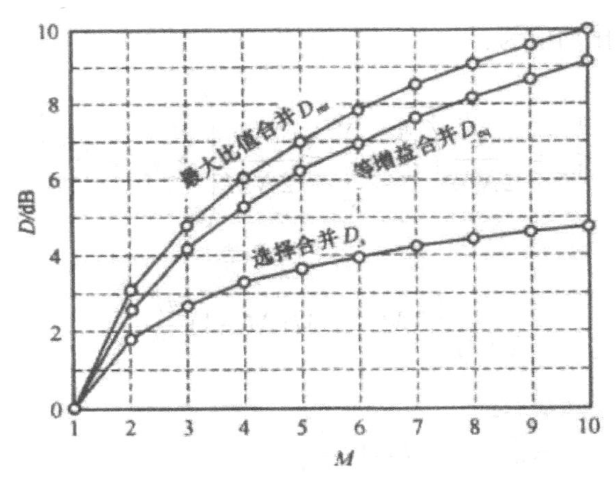

图 4-24　各种合并方式的改善

（五）分集对数字移动通信误码的影响

在加性高斯白噪声信道中，数字传输的错误概率 P_{e} 取决于信号的调制解调方式及信噪比 γ。在数字移动信道中，信噪比是一个随机变量。前面对各种分集合并方式的分析，得到了在瑞利衰落的信噪比概率密度函数。可以把 P_{e} 看成是衰落信道中给定信噪比 $\gamma=\xi$ 的条件概率。为了确定所有可能值的平均错误概率 $\overline{P}_{\mathrm{e}}$，可计算下面的积分

$$\overline{P}_{\mathrm{e}}=\int_{0}^{\infty}P_{\mathrm{e}}(\xi)\cdot p_{M}(\xi)\mathrm{d}\xi$$

式中，$P_M(\xi)$ 即为 M 重分集的信噪比概率密度函数。以二重分集为例说明分集对二进制数字传输误码的影响。由于差分相干解调 DPSK 误码率的表达式是比较简单的指数函数，这里以它为例来分析多径衰落环境下各种合并器的误码特性。DPSK 的误码率为

$$P_{\mathrm{b}} = \frac{1}{2}\mathrm{e}^{-\gamma}$$

1. 采用选择合并器的 DPSK 误码特性

令 $\gamma = \xi_{\mathrm{s}}$，则平均误码率为

$$\overline{P}_{\mathrm{b}} = \int_0^{\infty} \frac{1}{2}\mathrm{e}^{-\xi_{\mathrm{s}}} \cdot p\left(\xi_{\mathrm{s}}\right)\mathrm{d}\xi_{\mathrm{s}} = \frac{M}{2}\sum_{k=0}^{M-1} C_{\mathrm{M}-1}^{k}(-1)^k \frac{1}{1+k+\overline{\xi}}$$

2. 采用最大比值合并器的 DPSK 误码特性

令 $\gamma = \xi_{\mathrm{mr}}$，则平均误码率为

$$\overline{P}_{\mathrm{b}} = \int_0^{\infty} \frac{1}{2}\mathrm{e}^{-\xi_{\mathrm{mr}}} \cdot p\left(\xi_{\mathrm{mr}}\right)\mathrm{d}\xi_{\mathrm{mr}} = \frac{1}{2(1+\overline{\xi})^M}$$

3. 采用等增益合并器的 DPSK 误码特性

令 $\gamma = \xi_{\mathrm{eq}}$，由 $M = 2$ 时等增益合并的输出信噪比的概率密度函数，可以求得平均误码率为

$$\overline{P}_{\mathrm{b}} = \int_0^{\infty} \frac{1}{2}\mathrm{e}^{-\xi_{\mathrm{eq}}} \cdot p\left(\xi_{\mathrm{eq}}\right)\mathrm{d}\xi_{\mathrm{eq}} = \frac{1}{2(1+\overline{\xi})} - \frac{\overline{\xi}}{2(\sqrt{1+\overline{\xi}})^3}\mathrm{arccot}(\sqrt{1+\overline{\xi}})$$

在上述各积分计算也可以用数值计算的方法。图 4-25 给出了 M=2 时，3 种合并方式的平均误码特性。由图可见，二重分集对无分集误码特性有了很大的改善，而 3 种合并的差别不是很大。

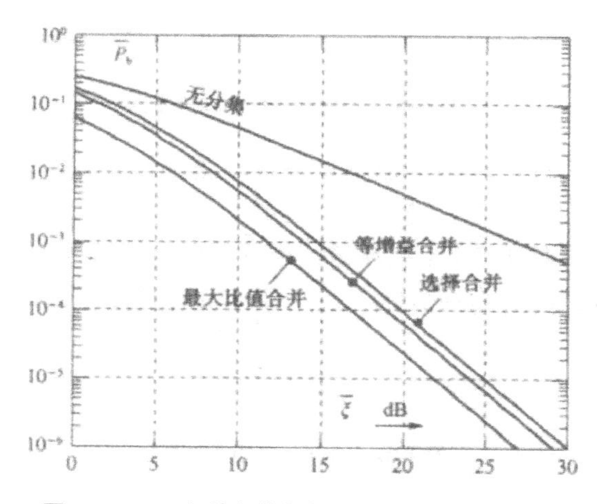

图 4-25　M=2 各种合并方式 DPSK 的平均误码特性

第三节　均衡技术

一、基本原理

所谓均衡是指各种用来克服码间干扰的算法和实现方法。一个无码间干扰的理想传输系统，在没有噪声干扰的情况下，系统的冲激响应 $h(t)$ 应该具有如图 4-26 所示的波形。它除了在指定的时刻对接收码元的抽样值不为零外，在其余的抽样时刻均应该为零。由于实际信道的传输特性并不理想，冲激响应的波形失真是不可避免的，如图 4-27 所示的 $h_d(t)$，信号的抽样值在多个抽样时刻不为零。这就造成样值信号之间的干扰，即码间干扰。严重码间干扰会对信息比特造成错误判决。为了提高信息传输的可靠性，必须采取适当的措施来克服码间干扰的影响，方法就是采用信道均衡技术。

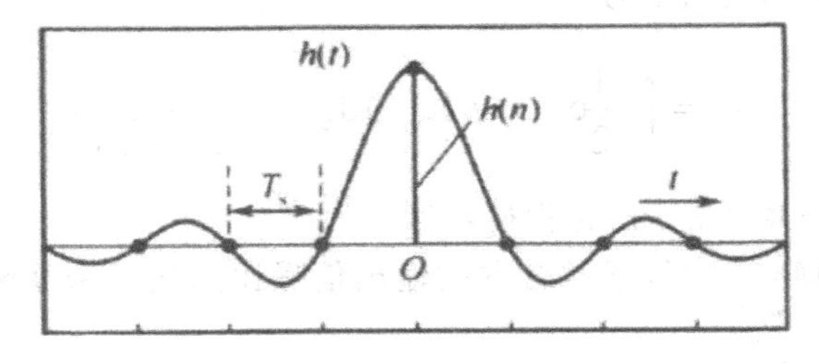

图 4-26　无码间干扰的样值序列

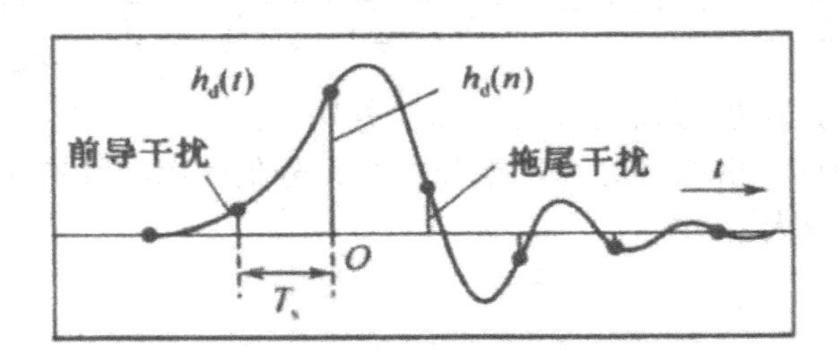

图 4-27　有码间干扰的样值序列

均衡是指对信道特性的均衡，也就是接收端滤波器产生与信道相反的特性，用来减小或消除因信道的时变多径传播特性引起的码间干扰。在无线通信系统中，通过接收端插入一种可调（或不可调）滤波器来校正或补偿系统特性，减小码间串扰的影响，这种起补偿作用的滤波器称为均衡器。图 4-28 所示则为无线信道均衡示意图。

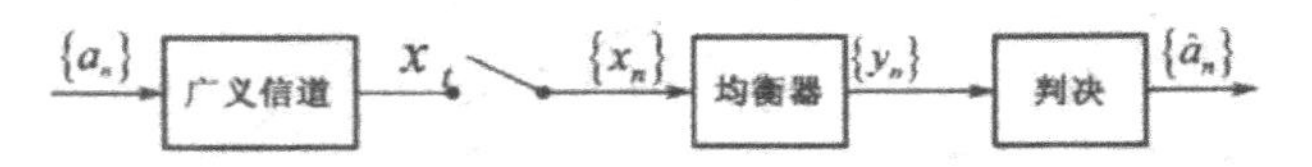

图 4-28　无线信道均衡示意图

实现均衡的途径较多，目前主要是通过频域均衡和时域均衡两种途径来实现。频

域均衡主要是从频域角度出发，使总的传输函数满足无失真传输条件，它是通过分别校正系统的幅频特性和群迟延特性来实现的。

时域均衡器位于接收滤波器和抽样判决器之间，它的基本设计思想是将接收滤波器输出端抽样时刻上存在码间串扰的响应波形变换成抽样时刻上无码间串扰的响应波形。时域均衡在原理上分为线性均衡器和非线性均衡器两种类型，每一种类型均可分为多种结构，而每一种结构的实现又可根据特定的性能和准则采用多种自适应调整滤波器参数的算法。结合时域均衡器的使用类型、结构和算法的不同，对均衡器进行的分类如图 4-29 所示。

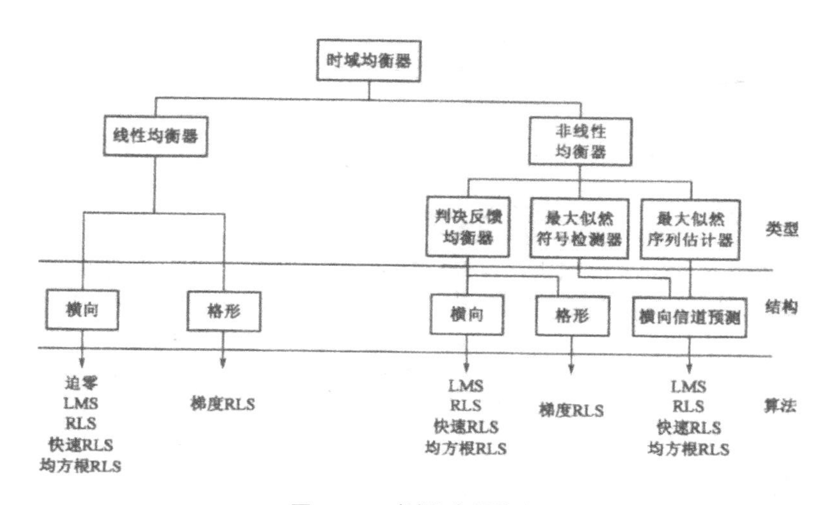

图 4-29　时域均衡器的分类

二、非线性均衡器

最基本的线性均衡器结构就是线性横向均衡器（LTE）型结构。当信道中存在深度衰落而使信号产生严重失真时，线性均衡器会对出现深度衰落的频谱部分及周边的频谱产生很大的增益，从而增加了这段频谱的噪声，以致线性均衡器不能取得满意的效果，这时采用非线性均衡器处理效果比较好。常用的非线性算法有判决反馈均衡（DFE）、最大似然符号检测均衡及最大似然序列估计均衡（MLSE）。

（一）判决反馈均衡器

判决反馈均衡器（DFE）的结构如图 4-30 所示，它由两个横向滤波器和一个判决器构成，两个横向滤波器由一个前向滤波器和一个反馈滤波器组成，其中前向滤波器是一个一般的线性均衡器，前向滤波器的输入是接收序列，反馈滤波器的输入是已判决的序列。判决反馈均衡器根据接收序列预测前向滤波器输出中的噪声和残留的码间干扰，然后从中减去反馈滤波器输出，从而消除这些干扰，其中码间干扰是由已判决之后的信号计算出来的，这样就从反馈信号中消除了加性噪声。与线性均衡器相比，判决反馈均衡器的错误概率要小。

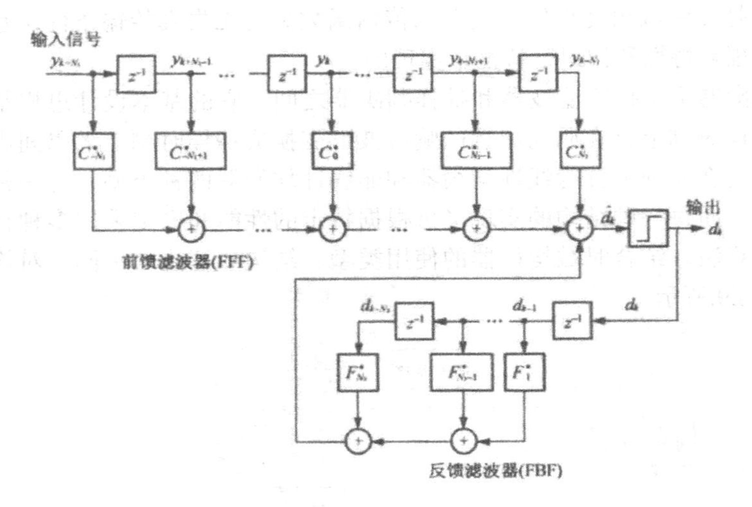

图 4-30 判决反馈均衡器

前馈滤波器有 N_1+N_2+1 个抽头，反馈滤波器有 N_3 个抽头，它们的抽头系数分别是 C_N^* 和 F_i^* 。均衡器的输出可以表示为：

$$\hat{d}_k = \sum_{n=N_1}^{N_2} C_N^* y_{k-n} + \sum_{n=N_1}^{N_2} F_i d_{k-i}$$

（二）最大似然序列估计均衡器

最大似然序列估计均衡器（MLSE）最早是由 Forney 提出的，它设计了一个基本的最大似然序列估计结构，并采用 Viterbi 算法实现。最大似然序列估计均衡器的结构如图 4-31 所示，最大似然序列估计均衡器通过在算法中使用冲击响应模拟器，并利用信道冲激响应估计器的结果，检测所有可能的数据序列，选择概率最大的数据序列作为输出。最大似然序列估计均衡器是在数据序列错误概率最小意义下的最佳均衡，这就需要知道信道特性，方便计算判决的度量值。

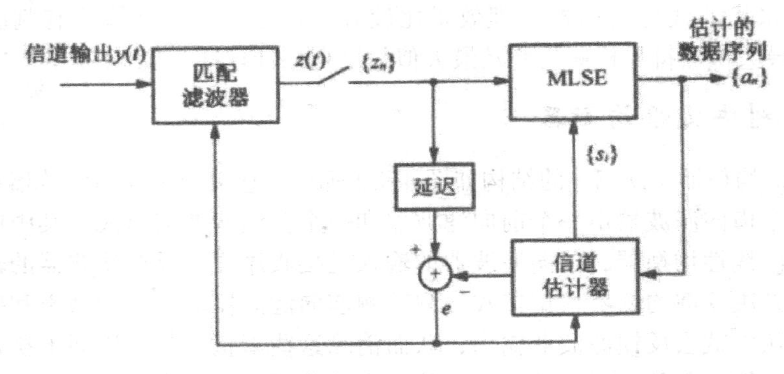

图 4-31 最大似然序列估计均衡器（MLSE）的结构

三、自适应均衡器

自适应均衡器一般包含两种工作模式：训练模式和跟踪模式，如图 4-32 所示。

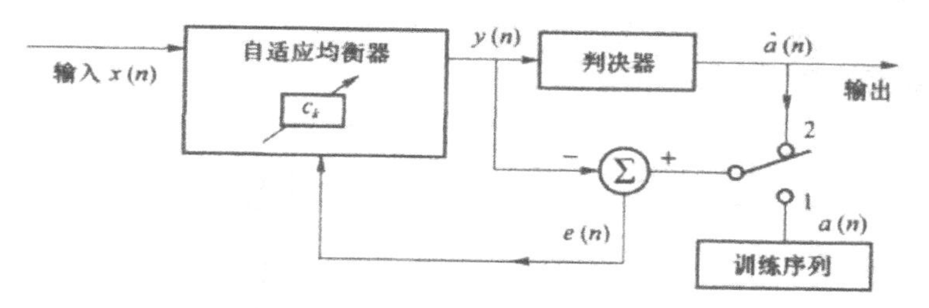

图 4-32　自适应均衡器

时分多址的无线系统发送数据时通常是以固定时隙长度定时发送的，特别适合使用自适应均衡技术。它的每一个时隙都包含有一个训练序列，可以安排在时隙的开始处，如图 4-33 所示。此时，均衡器可以按顺序从第一个数据抽样到最后一个进行均衡，也可以利用下一时隙的训练序列对当前的数据抽样进行反向均衡，或者在采用正向均衡后再采用反向均衡，比较两种均衡的误差信号的大小，输出误差小的均衡结果。训练序列也可以安排在数据的中间，如图 4-34 所示，且此时训练序列可以对数据做正向和反向均衡。

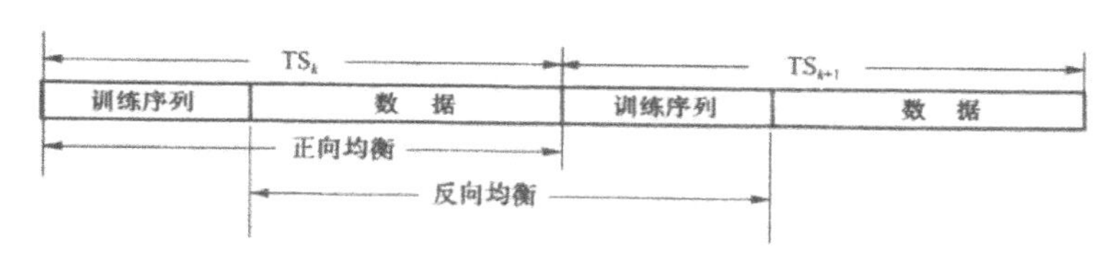

图 4-33　训练序列置于时隙的开始位置

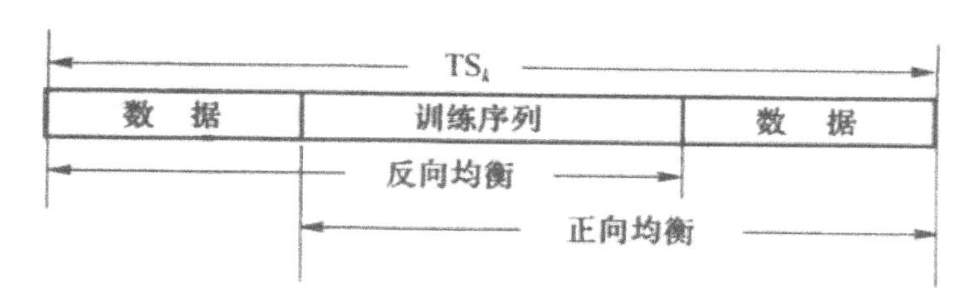

图 4-34　训练序列置于时隙的中间

第四节　扩频通信

扩频通信技术是一种信息传输方式：在发送端采用扩频码调制，使信号所占的频带宽度也远大于所传信息必需的带宽；在接收端采用相同的扩频码进行相干解调来恢复所传信息数据。

一、直接序列扩频

直接序列扩频系统通过将伪随机（PN）序列直接与基带脉冲数据相乘来扩展基带信号。伪随机序列的一个脉冲或符号称为一个“码片”。可以采用二进制相移调制的直接序列扩频系统调制器原理图如图 4-35 所示。

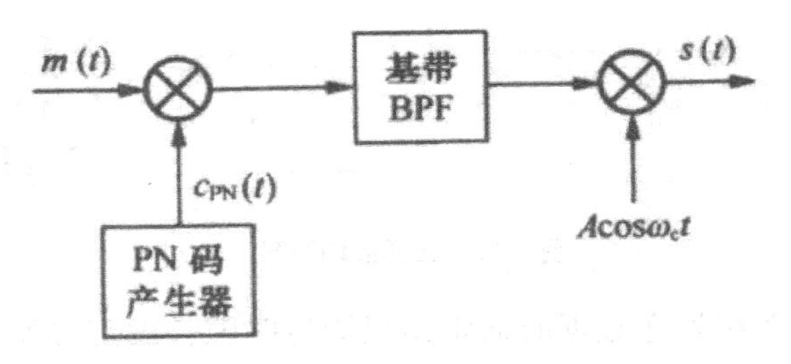

图 4-35　直接序列扩频系统调制器原理图

直接序列扩频系统的调制波形图和功率密度谱图如图 4-36 与图 4-37 所示。

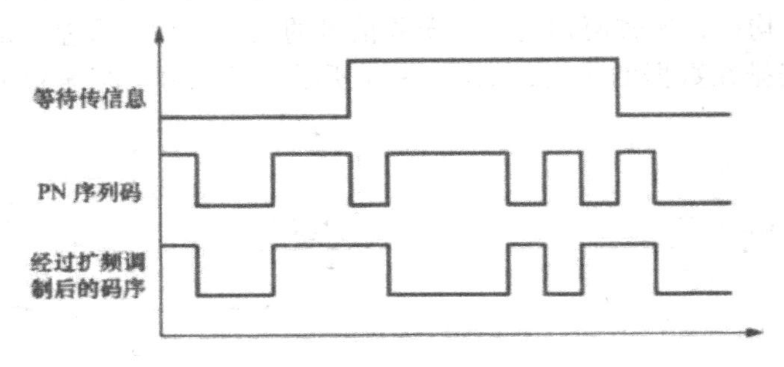

图 4-36　直接序列扩频系统的调制波形图

在图 4-37 中，原始信息扩频调制后频谱扩展了数百倍，发送过程中不可避免地被噪声感染；解扩频后，原始信息收敛，噪声被扩频，功率密度下降，信息有效部分被提取出来。

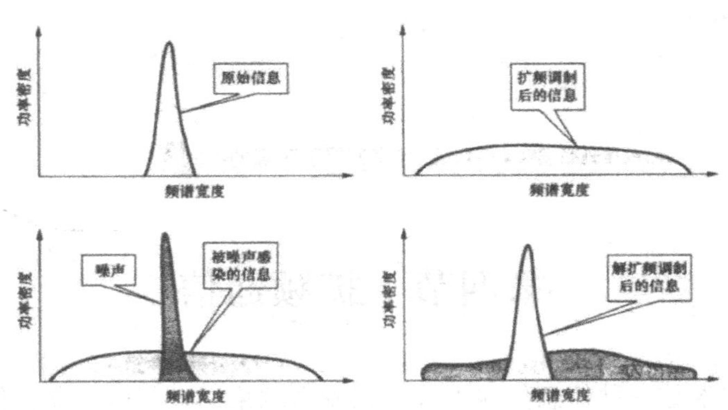

图 4-37　功率密度谱图

为提高扩频系统的频谱利用率，调制方式可以采用四相调制技术，如图 4-38 所示。

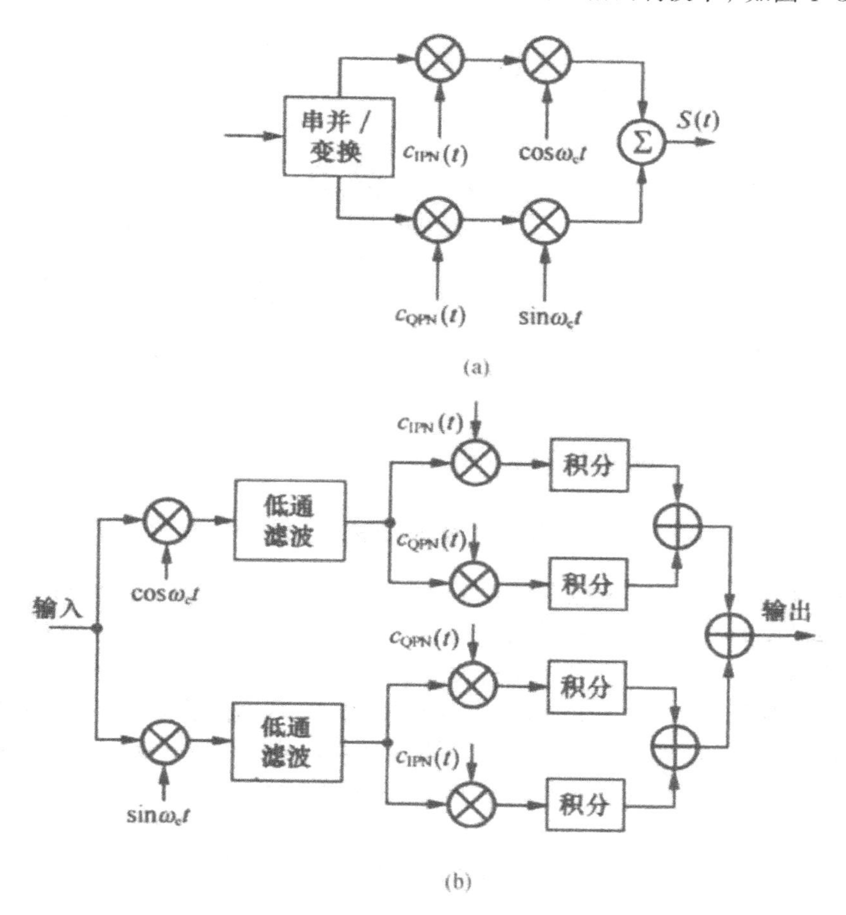

图 4-38　双四相扩频调制器、解调器原理图
（a）描述了调制器原理；（b）描述了解调器原理

二、频率跳变扩频

在跳频扩频中，调制数据信号的载波频率也不是一个常数，而是随扩频码变化。在时间周期 T 中，载波频率不变；但在每个时间周期后，载波频率跳到另一个（也可能是相同的）频率上。跳频模式由扩展码决定。所有可能的载波频率的集合称为跳频集。

直接序列扩频和跳频扩频在频率占用上有很大不同。当一个直接序列扩频系统传输时占用整个频段，而跳频扩频系统传输时仅占用整个频段的一小部分，并且频谱的位置随时间而改变。跳频扩频频率使用情况如图 4-39 所示。

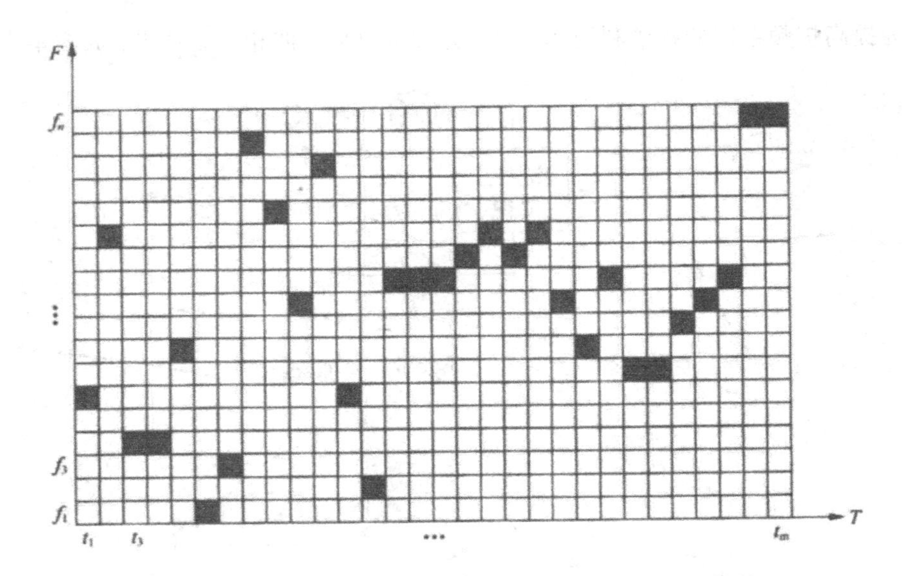

图 4-39 跳频扩频频率使用图

在跳频扩频系统中，根据载波频率跳变速率的不同可以分为两种跳频方式。如果跳频速率远大于符号速率，则称为快跳频（FFH），在这种情况下，载波频率在一个符号传输期间变化多次，因此一个比特是使用多个频率发射的。如果跳频速率远小于符号速率，则称为慢跳频（SFH），在这种情况下，多个符号使用一个频率发射。

跳频扩频系统原理如图 4-40 所示。在发送端，基带数据信号与扩频码调制后，控制快速频率合成器，产生跳频扩频信号。在接收端进行相反处理。使用本地生成的伪随机序列对接收到的跳频扩频信号进行解扩，然后通过解调器恢复出基带数据信号。同步 / 追踪电路确保本地生成的跳频载波和发送的跳频载波模式同步，以便正确地进行解扩。

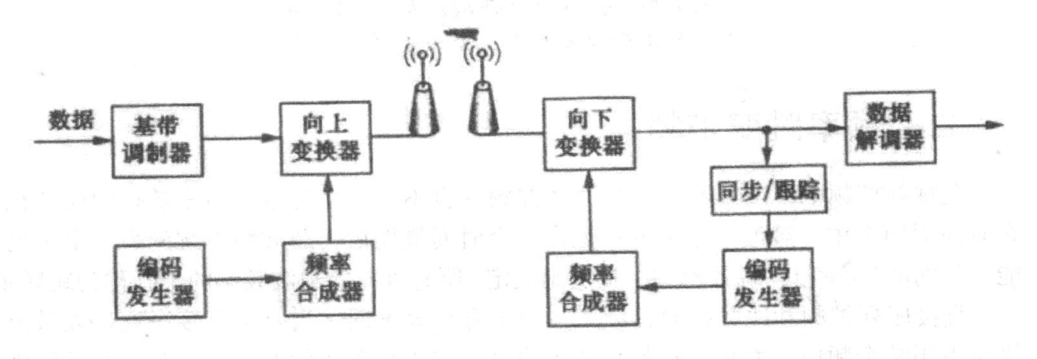

图 4-40 跳频扩频系统原理图

第五章　大规模天线技术

第一节　大规模天线概述

20 世纪 90 年代，Turbo 码的出现使信息传输速率几乎已经达到了理论的上限，理论上性能提升的瓶颈似乎就近在眼前。就在那个时候，通过在发送端和接收端部署多根天线，MIMO 技术在有限的时频资源内对空间域进行扩展，将信号处理的范围扩展到空间维度上，利用信道在空间中的自由度实现了频谱效率的成倍增长。

经过十几年的研究和发展，MIMO 技术已经成为 4G 系统的核心技术之一，但受技术发展阶段及产业化精细程度限制，基站天线数目一直严格受限。伴随 5G 时代的到来，用户数目和每用户速率需求显著增加，对空间域进一步扩展的需求更加迫切，针对 MIMO 技术的深入研究因此备受关注，如何进一步扩展 MIMO 系统的性能成为热点研究方向。

大规模天线技术在提升系统频谱效率和用户体验速率方面的巨大潜力，使其在 5G 时代备受关注。虽然计算能力的提升以及空间波束赋型的提出都使得大规模天线技术的应用前景颇具诱惑力，但在如何推动大规模天线的实用化，满足大规模天线在灵活部署、易于运维等方面的实际需求方面，其仍需要解决很多问题。

一、三维信道建模

大规模天线技术的核心则是通过对传播环境中空间自由度的进一步发掘，更有效地进行多用户传输。利用信道建模的方法，精确地还原出实际无线传播环境中丰富的空间自由度，是对大规模天线相关技术进行研究和应用的前提和基础。同时，需要设计优异的信道测量、量化和反馈方案，并兼顾性能精度与计算复杂度、开销占用的有效折中。

二、传输方案

采用大规模天线技术可以增加天线数目，扩展传输的空间自由度，进而支持更多用户并行传输，从而使频谱利用率显著增加。大规模天线的传输方案设计将从两个方面来实现这一目标：一方面，降低传输过程中空间信道信息获取的代价并提高信道信息的利用效率；另一方面，采用可降低计算复杂度的传输设计方案，以此来实现传输效率与工程实现难度的平衡。

三、前端系统设计

考虑实际部署环境的要求，难以使用单一类型的大规模天线前端设备。针对室内/室外、集中式/分布式部署方式，需要在框架和具体的设计方法上对天线形态及前端各模块进行联合考虑、优化算法，使大规模天线系统能够通过多种方式灵活部署。

四、部署、应用需求

大规模天线技术不仅将应用于宏覆盖、热点覆盖等传统应用场景，还可以用于无线回传、异构网络以及覆盖高层建筑物等场景，由此需要针对不同的应用需求设计相应的部署方案。除此之外，研究设计大规模天线技术与其他关键技术，如与超密集微基站、高频通信技术的联合组网方案，以满足实际部署、运维中更加灵活多样的需求，这也是推动大规模天线技术实际应用的关键问题。

第二节　大规模天线技术基础

一、传统MIMO技术

（一）MIMO技术原理

MIMO 技术是利用空间信道的多径衰落特性，在发送端和接收端采用多个天线，通过空时处理技术获得分集增益或复用增益，以提高无线系统传输的可靠度和频谱利用率，在 LTE 的标准定义过程中充分挖掘了 MIMO 的潜在优势。

1. 空间分集与空间复用

分集增益与复用增益是 MIMO 技术获得广泛应用的两个原因。前者可以通过发送和接收多天线分集合并使得等效信道更加平稳，实现无线衰落信道下的可靠接收；后者利用多天线上空间信道的弱相关性，通过在多个空间信道上并行传输不同的数据流，获得系统频谱利用率的提升。其中，空间分集包括发送分集和接收分集两种。

发送分集依据分集的维度分为 STTD（空时发送分集）、SFTD（空频发送分集）和 CDD（循环延迟分集）。STTD 中通过对发送信号在空域和时域联合编码达到空时

分集的效果，常用的 STTD 方法包括 STTC（空时格码）和 STBC（空时块码）。SFTD 中将 STTD 的时域转换为频域，对发送信号在空域和频域联合编码达到空频分集的效果，常用的方法为 SFBC（空频块码）等。CDD 中通过引入天线间的发送延时获得多径上的分集效果，LTE 中大延时 CDD 是一种空间分集与空间复用相结合的方法。

接收分集是通过接收端多天线接收信号上的不同获得合并分集效果。

2. 开环 MIMO 与闭环 MIMO

根据发送端在数据发送时是否根据信道信息进行预处理，MIMO 可以分为开环 MIMO 和闭环 MIM0。

根据发送端信道信息的获取方式不同及预编码矩阵生成上的差异常用的闭环 MIMO 可分为基于码本的预编码和非码本的预编码。

基于码本的方法中，接收端根据既定码本对信道信息进行量化反馈，发送端根据接收端的反馈计算预编码矩阵，预编码矩阵需要从既定的码本中进行选取，比如，3GPP Release 8 中基于 CRS（小区特定参考信号）进行数据接收的情况。基于非码本的方法中，如 TDD（时分双工）系统，发送端通过信道互易性或信道长时特性上的上、下行对称性获取信道信息。当 UE 可以支持基于 DMRS（解调参考信号）的数据解调时，比如基于 3GPP Release 10，发送预编码矩阵即可去除基于码本限制。

3.SU-MIMO 与 MU-MIMO

根据同一时频资源上复用的 UE 数目，MIMO 包括 SU-MIMO（Single-User MIMO，单用户 MIMO）和 MU-MIMO（Multi-User MIMO，多用户 MIMO）。其中，SU-MIMO 指在同一时频资源上单个用户独占所有空间资源；MU-MIMO，亦称为 SDMA（Space Division Multiple Access，空间多址接入），其具体指在同一时频资源上由多个用户共享空间资源。

（二）LTE下行MIMO定义

LTE 系统中关于下行 MIMO 的标准定义包含以下几个方面。

1.TM（Transmission Mode，传输模式）与信令

LTE 的下行传输模式主要包括以下几种：

（1）TM1：单天线端口传输，应用于单天线传输的场合，采用端口传输。

（2）TM2：发送分集模式，适于高速移动和小区边缘 UE。

（3）TM3：开环空间复用，采用大延迟分集，适于信噪比条件较好和高速移动 UE。

（4）TM4：闭环空间复用，适于信噪比条件较好和低速移动 UE。

（5）TM5：MU-MIMO 传输模式，支持 2 UE 的复用。

（6）TM6：闭环 Rank 1 传输，适于低速移动和小区边缘 UE。

（7）TM7：单流 Beamforming 模式，基于端口 5，适于小区边缘 UE。

（8）TM8：双流 Beamforming 模式，基于端口 7 和 8。

（9）TM9：Release 10 中引入的 MIMO 增强模式。

（10）TM10：Release 11 中引入的 CoMP 模式。

相比于 LTE Release 8，LTE Release 10 中引入 TM 9，对 MIMO 传输进行了较大的增强，包括支持动态的 SU 和 MU-MIMO 切换，最大 8 层的 SU-MIMO 传输及最大 4 层的 MU-MIMO 传输等。

相应地，LTE Release 10 TM9 中对 MIMO 传输相关的 DCI（Downlink Control Information，下行控制信息）进行了重新设计，引入了 DCI 2C 格式。

2.RS（Reference Signal，参考信号）

RS 是由发送端提供给接收端用于信道估计的一种信号，LTE 中的 RS 主要有两个目的：一是进行信道质量的测量从而进行信道信息的反馈；二是进行信道估计从而进行数据的解调。目前，LTE 中与下行 MIM0 相关的 RS 有以下三类：

（1）CRS

CRS 从 Release 8 时便被引入，其发给小区中所有的 UE，既可用于信道信息的反馈，也可用于数据的解调。为了实现良好的信道估计性能，LTE 中 CRS 采取在时频二维点阵上进行摆放的设计。LTE 系统中支持 1、2、4 个天线端口的 CRS 配置，天线端口 2、3 对应的 CRS 密度为端口 0、1 的一半，如图 5-1 所示。

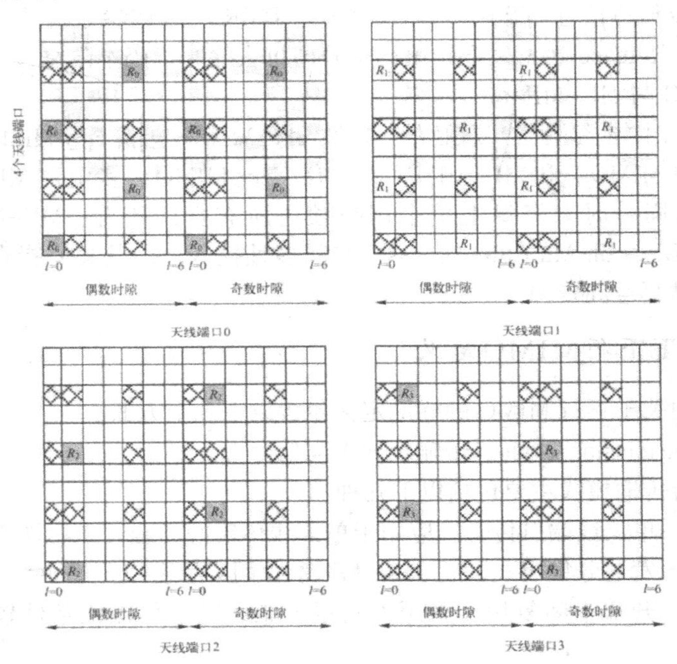

图 5-1　四个天线端口的 CRS 资源映射

为了降低发送波形的峰值平均功率，LTE 的 CRS 中固定采用 QPSK 调制，CRS 发送信号可以表示为：

$$r_{l,n_s}(m)=\frac{1}{\sqrt{2}}(1-2\cdot c(2m))+j\frac{1}{\sqrt{2}}(1-2\cdot c(2m+1)) \qquad (5\text{-}1)$$

其中，m,m_s 和 l 分别是 RS 序号，广播帧的时隙序号及时隙内的符号序号；$c(i)$ 是长度为 31 的 Gold 序列。小区的 CRS 序列还与小区 ID 相关，相邻小区间的 CRS 位置在频域有不同的偏移，以避免 CRS 间的冲突。

（2）CSI-RS（Channel State Information RS，信道状态信息参考信号）

随着支持流数的进一步增多，沿用 Release 8 的设计思路在 LTE Release 10 中针对 CRS 进一步扩展变得非常困难。为实现性能和开销上的良好折中，引入了信道信息反馈 RS 和信道估计 RS 分离的设计思想。LTE Release 10 中支持 1、2、4、8 个天线端口的 CSI-RS 配置，不同的天线端口之间采用码分的方式进行复用，如图 5-2 所示。

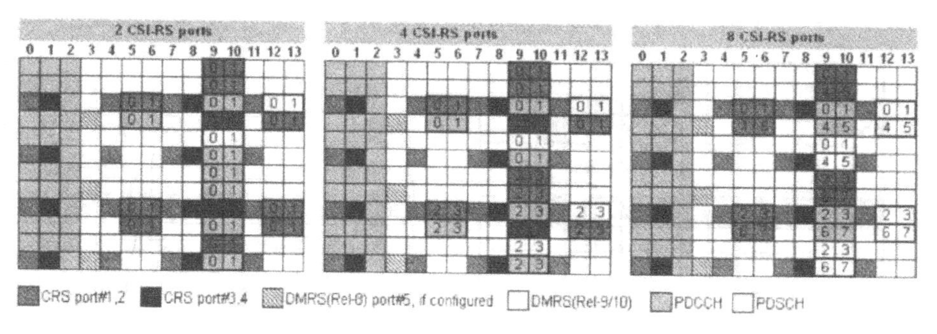

图 5-2　CSI-RS 资源映射

CSI-RS 信号作为一种公用的导频信号，由于需在全频段发送，其开销的增加较敏感。所以为了避免开销过大，其在频域采用较稀疏的方式（12 个子载波的密度），在时域上采用了可配置的方式，一方面可以调节发送的时间间隔，另一方面可以尽量避免邻小区的 CSI-RS 的重叠。CSI-RS 的配置可以是逐 UE 进行的，eNB 利用 RRC（Radio Resource Control，无线资源控制）信令对 UE 的 CSI-RS 图样进行配置，包括周期和子帧偏置等。

（3）DMRS

DMRS 仅发给专门的 UE，嵌入在 UE 数据相应的 PRB（Physical Resource Block，物理资源块）中，用于数据的解调接收。LTE 中引入了 DMRS，DMRS 的序列由多个 M 序列产生，其初始值为：

$$c_{\text{init}}=\left(\lfloor n_{\text{s}}/2\rfloor+1\right)\cdot\left(2N_{\text{ID}}^{\text{cell}}+1\right)\cdot 2^{16}+n_{\text{SCID}} \tag{5-2}$$

其中，n_s 为时隙号；$N_{\text{ID}}^{\text{cell}}$ 小区 ID；n_{SCID} 为扰码初始值。LTE Release 10 中为了支持 TM9，对同一 PRB 内不同的 DMRS 采用如图 5-3 所示的复用方式。其中不同层之间的 DMRS 采用了 CDM（Code-Division Multiplexing，码分复用）/FDM（Frequency-Division Multiplexing，频分复用）的复用方式，针对 MU-MIMO 及秩不超过 2 的 SU-MIMO 采用长度为 2 的 OCC（Orthogonal Cover Code，正交码）及密度为 12 RE（Resource Elements，资源单元）/PRB 的映射，SU-MIM0 秩为 3、4 时采用长度为 2 的 OCC 及密度为 24 的 RE/PRB 的映射，SU-MIMO rank 大于 4 时采用长度为 4 的 OCC 及密度为 24 RE/PRB 映射。

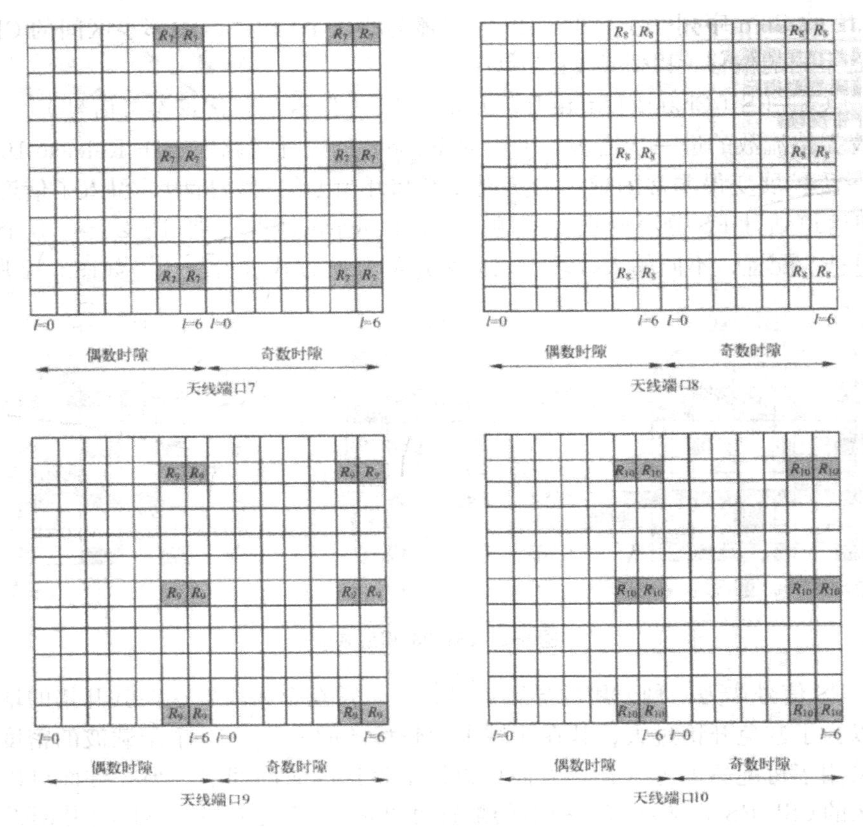

图 5-3 DMRS 资源映射

3. 反馈与码本

（1）反馈设计

除了 CQI（Channel Quality Indicator，信道质量指示）以外，LTE 中与 MIMO 相关的反馈包括 RI（Rank Indicator，秩指示）和 PMI（Precoding Matrix Indicator，预编码矩阵指示）。RI 表示空间复用流的数目，PMI 从反馈粒度上可分为宽带 PMI 和子带 PMI 两种。宽带 PMI 适于反馈开销受限的场景，UE 基于在整个带宽上传输的假设进行 PMI 选择。宽带 PMI 一般采用 PUCCH（Physical Uplink Control Channel，物理上行控制信道）进行周期性反馈，也可应用于 PUSCH（Physical Uplink Share Channel，物理上行共享信道）存在的情况。另一种更精确的反馈方法是子带 PMI 反馈，其中 UE 反馈多个 PMI，每个子带都对应一个 PMI。子带 PMI 反馈一般由 PUSCH 承载进行非周期反馈。

（2）码本设计

码本的设计是 LTE 中 MIMO 性能发挥的重要因素，除了性能之外，码本的设计中还需要考虑相应的计算复杂度和信令开销。LTE 对码本设计提出了以下要求：

①恒模特性：指预编码后各端口的平均功率恒定，从而使得输出到每个天线功率放大器的功率相同。

②嵌套特性：指低阶码本由高阶码本的列向量组成，嵌套特性有助于降低 PMI/CQI 的计算复杂度。

为了进一步降低预编码相关的计算复杂，LTE Release 8 中码本各元素均来自于 QPSK（Quadrature Phase Shift Key，正交相移键控）星座。此外，码本的设计中还需要考虑码本向量之间的正交性、反馈开销等。

LTE Release 8 中，2 天线秩为 2 的码本由单位阵和两个 DFT（Discrete Fourier Transformation，离散傅里叶变换）矩阵组成，4 天线时采用了基于 Householder 变换的码本，其中每个预编码矩阵由 W_n 的若干列向量构成，且其中 n 是码字索引，u_n 是基列向量。

$$W_n = I - 2u_n u_n^{\mathrm{H}} / u_n^{\mathrm{H}} u_n \tag{5-3}$$

LTE Release 10 中，针对 8 天线的传输采用了双码本的设计：

$$W = W_1 \cdot W_2 \tag{5-4}$$

其中，W_1 为块对角矩阵，反映长时及高相关性信道特征，• 表示 Kronecker 乘积，W_2 反馈短时及交叉极化信道特征。双码本的基本思想如图 5-4 所示。此外，LTE Release 12 中将双码本的设计从 4 天线扩展到 8 天线。

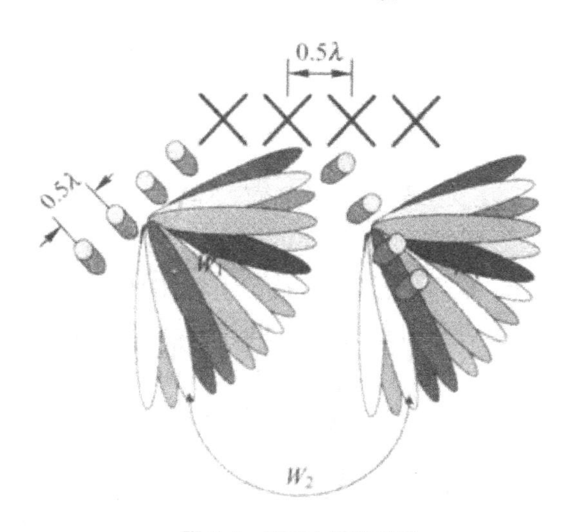

图 5-4　双码本思想示意

（三）LTE上行MIMO定义

1.TM

LTE 上行 MIMO 包括上行 MU-MIMO 和 SU-MI-MO。前者要求 eNB 具有多个接收天线，对 UE 发送天线数没有要求，在 LTE Release 8 中即可以支持。为了进一步提升 UE 的上行峰值速率，LTE Release 10 中引入了上行 SU-MIMO。

LTE 的上行传输模式主要包括以下两种：

（1）TM1，单天线端口传输。

（2）TM2，多天线端口传输，包括 2 与 4 天线端口传输。

2. 发送分集

当 UE 支持多天线传输时，可以在上行采用发送分集提高传输的鲁棒性。为了提升 PUCCH 的性能，LTE Release 10 针对 PUCCH 引入了 SORTD（Space Orthogonal Resource Transmission Diversity，空间正交资源发送分集），该机制同时向后兼容 Release 8 的 PUCCH 设计。

目前 LTE Release 10 中支持 2 天线的 SORTD，其基本思想是将 UCI（Uplink Control Signaling，上行控制信令）分成两路，使用不同的正交资源进行映射和传输，利用的正交资源包括循环移位和正交扩展码等，具体结构如图 5-5 所示。对于 4 天线的情况，可以通过天线虚拟化的操作实现 SORTD，即可以通过一个透明的机制将 2 天线端口的信号映射到 4 天线上进行发送。

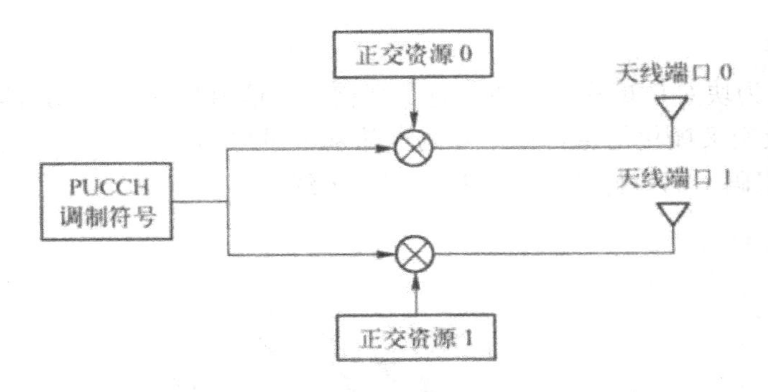

图 5-5 SORTD 结构示意

3. 反馈与码本

LTE 中目前支持最大 4 流的 PUSCH 传输。上行闭环 MIMO 传输的预编码和码本设计思路与下行相似，主要的差别在于上行的码本设计需要着重考虑每个发送天线上信号的单载波特性，获得尽可能低的 CM（Cubic Metric，立方度量）。

2 天线时，上行 MIMO 码本设计与下行码本相似。区别在于秩为 1 时上行增加了两个天线选择的向量，而秩为 2 时为了避免不同层的信号叠加带来的 CM 增加问题，上行仅保留了单位阵矩阵。4 天线下，上行无法像下行对不同秩下的码本进行统一设计，需要针对不同秩进行分别优化，在秩为 1 ~ 4 上，上行码本分别包含 24、16、12 和 1 个预编码向量或矩阵。

在未来大规模天线的标准化定义中，要充分考虑既有 LTE MIMO 的设计思路和经验。

二、大规模天线技术的理论基础

（一）从传统MIMO到大规模天线

3GPP LTE Release 10 已经能够支持 8 个天线端口进行传输，理论上在相同的时频资源上，可同时支持 8 个数据流同时传输，也即 8 个单流用户或者 4 个双流用户同时传输。但是，从开销、标准化影响等角度考虑，3GPP Release 10 中只支持最多 4 用户同时调度，每个用户传输数据不超过 2 流，并且同时传输不超过 4 流数据。由于终端天线端口的数目与基站天线端口数目相比较，受终端尺寸、功耗甚至外形的限制更为严重，因此终端天线数目不能显著增加。在这一前提下，基站采用 8 天线端口时，如果想要进一步增加单位时频资源上系统的数据传输能力，或者说频谱效率，一个直观的方法就是进一步增加并行传输的数据流的个数。或者更进一步，增加基站天线端口的数目，使其达到 16、64，甚至更高，由于 MIMO 多用户传输的用户配对数目理论上随天线数目增加而增加，我们可以使更多的用户在相同时频资源上同时进行传输，从而使频谱效率进一步提升。当 MIMO 系统中的发送端天线端口数目增加到上百甚至更多时，就构成了大规模天线系统。

（二）大规模天线增益的来源

一个天线端口就对应一个物理天线振子，或者对极化天线，其对应一个振子的一个极化方向。和传统的多天线系统相似，大规模天线系统可以提供三个增益来源：分集增益、复用增益以及波束赋形增益。

1. 分集增益

发射机或接收机的多根天线，可以被用来提供额外的分集对抗信道衰落，从而提高信噪比，提高通信质量。在这种情况下，不同天线上所经历的无线信道必须具有较低的相关性。为了获取分集增益，不同天线之间需要有较大的间距以提供空间分集，或者采用不同的极化方式以提供极化分集，如图 5-6 所示。

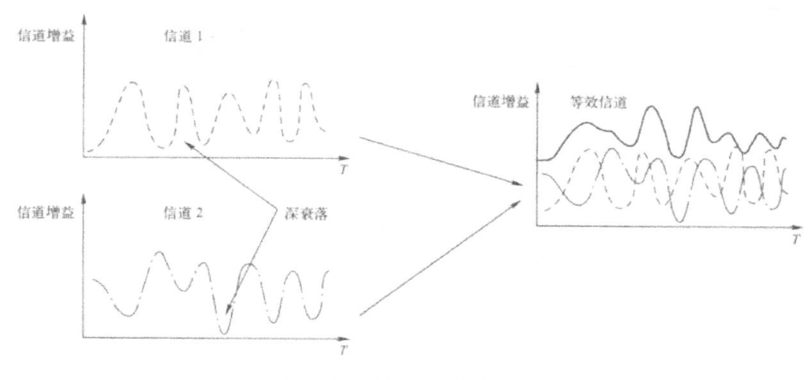

图 5-6　分集增益示意图

2. 复用增益

空间复用增益又称为空间自由度。在发送和接收端均采用多根天线时，通过对收发多天线对间信道矩阵进行分解，信道可以等效为至多 $N\left(N_{„}\ \min\left(N_T,N_R\right)\right)$ 个并行的独立传输信道，提供复用增益。这种获得复用增益的过程称为空分复用，也常被称为MIMO天线处理技术。通过空分复用，可以在特定条件下使信道容量与天线数保持线性增长的关系，从而避免数据速率的饱和。在实际系统中，可通过预编码技术来实现空分复用，如图5-7所示。

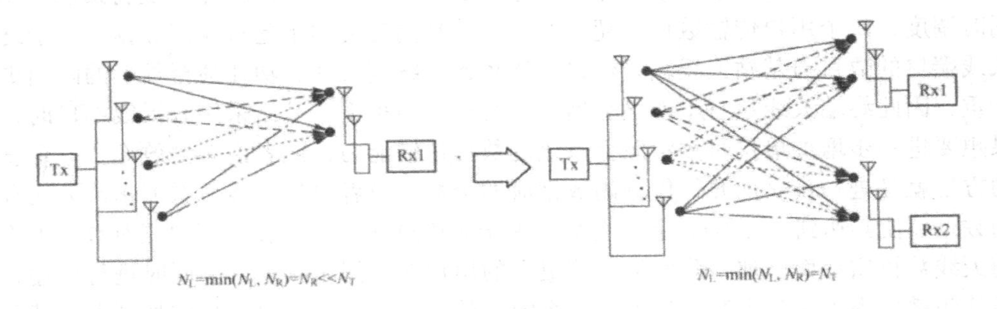

图5-7 空分复用示意图

3. 波束赋形增益

通过特定的调整过程，可以将发射机或接收机的多个天线用于形成一个完整的波束形态，从而使目标接收机/发射机方向上的总体天线增益（或能量）最大化，或者用于抑制特定的干扰，从而获得波束赋形增益。不同天线间的空间信道，具有高或者低的衰落相关性时，都可以进行波束赋形。具体来说，对于具有高相关的空间信道，可以仅采用相位调整的方式形成波束；对于具有低相关性的空间信道，可以采用相位和幅度联合调整的方式形成波束。对于这两类波束赋形过程，其一般的表示方式是：

$$\overline{S}=\begin{pmatrix} s_1 \\ \vdots \\ s_2 \end{pmatrix}=\begin{pmatrix} v_1 \\ \vdots \\ v_2 \end{pmatrix}\cdot s=\overline{v}\cdot s \tag{5-5}$$

其与发射天线预编码的方式相同，如图5-8所示。

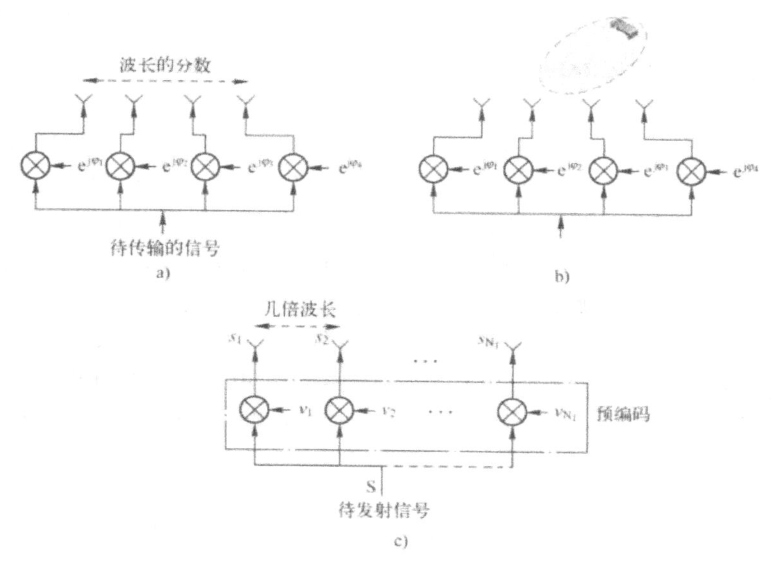

图 5-8　波束成型示意图

在实际的工程应用中，因站址选取和诸多工程建设的限制，天线的尺寸不能无限制地增大。由于采用大规模天线技术的基站天线数目显著增加，基站天线尺寸却不可能随着天线阵元数目成倍增长，因此，采用了大规模天线技术后，有限的天面空间中，不同天线的水平和 / 或垂直间距有可能进一步压缩。这将导致基站侧各个天线之间的相关性随天线数目的增加而增加，单个终端的天线与基站各个天线之间的空间信道呈现较高的衰落相关性。因此，在大规模天线系统中，单个用户能够获得的空间分集增益是有限的。

另一方面，虽然单个终端的天线与基站各个天线之间的空间信道具有高相关性，但是，不同终端与基站之间的空间信道却不一定具有高相关性。通过用户配对的方法，仍然可以像传统 MIMO 系统，通过预编码的方式将基站与多个用户之间的空间信道分解为多个等效的并行传输信道，实现多用户 MIMO 传输，从而获得复用增益。并且，由于大规模天线系统中天线数目比传统 MIMO 系统中更多，支持更多用户同时传输，因此利用大规模天线可以获得比传统 MIMO 系统更为显著的复用增益。

当天线间的相关性确定后，理论上可以通过波束赋形可以获得最多 N_t 倍的波束赋形增益，因此在实际应用中，大规模天线可以获得可观的波束赋形增益。

值得说明的是，利用大规模天线实现获取波束赋形增益与获取复用增益的关系。首先是两种增益获取手段的关系。从前面的介绍可以知道，在实际应用中波束赋形增益和复用增益的获取都是通过预编码的形式来实现的，因此在实现过程中为了便于区分，获得波束赋形增益的预编码也可以称为“模拟预编码”，获得波束赋形增益的过程也被称为“模拟波束赋形”，而用于进行 MU-MIMO 传输获取复用增益的预编码也可称为“数字预编码”，对于 MU-MIMO 中的每个用户的预编码过程也被称为“数字波束赋形”。模拟波束赋形过程和数字波束赋形过程的差别主要在于所用预编码矩阵的变化周期，数字预编码的变化可以在每个子帧进行，而模拟预编码的变化周期要远远大于这个范围。除此之外，两种增益的获取是处在不同的层面上。为了获取波束赋形增益，模拟波束赋形操作是针对天线本身进行的，是一种对整个天线阵列或者天线阵列局部的发射图样进行调整的过程，因此使用该天线阵列或者该天线阵列局部的用户传输都会受到模拟波束赋形操作的影响。复用增益则是针对用户传输而言的，换言之，数字波束赋形操作是基于模拟波束赋形操作后的等效空间信道进行的。

另一点值得说明的是，波束赋形与有源天线的关系和区别。由于大规模天线在抽象形式上也可以看作是有源天线阵列，两者有着天然的联系。实际上大规模天线中的“模拟波束赋形”过程本质上与形成电调下倾角（见图 5-9）以及电调方向角的过程在形式上是相同的。两者的差别在于对于有源天线，电调下倾角和电调方向角在设定好之后一般不会轻易调整，而大规模天线的模拟波束赋形过程也更加灵活。

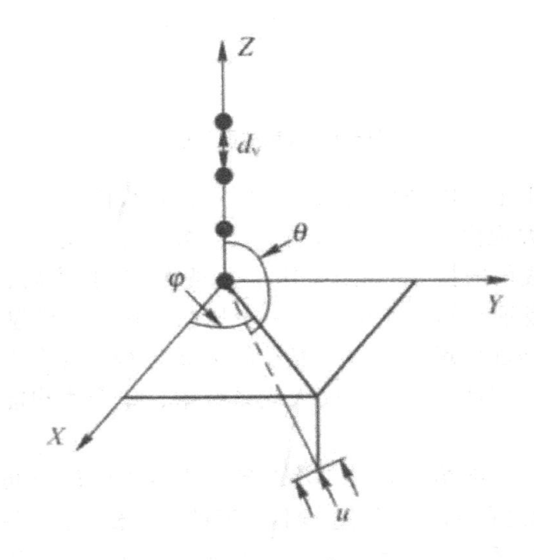

图 5-9　AAS 电调下倾角示意图

（三）大规模天线的理论特性

随着天线数目的增加，大规模天线系统除可以提供比传统 MIMO 更大的空间自由度，还具有如下特点：

1. 极低的每天线发射功率

保持总的发射功率不变，当发射天线数目从 1 增加到 n 时，理想情况下，每个天线的发送功率变为原来的 $1/n$。而且，如果仅仅保证单个接收天线的接收信号强度，在最理想的情况下，使用 n 个天线时总发射只需要原来的 $1/n$ 即可，也即，此时每个天线上的发射功率变为原来的 $1/n^2$。虽然，在存在信道信息误差、多用户传输等实际因素的情况下，不可能以如此低的发射功率工作，但是这也足以说明采用大规模天线阵列，可以降低单个天线发送功率。

2. 热噪声及非相干干扰的影响降低

利用相干接收机，不同接收天线间的非相干的干扰部分可以得到一定程度的降低。当采用大规模天线阵列收发时，由于接收天线数目极大，非相干的干扰信号被降低的程度显著增加，降低程度与天线数目成正比。因此，热噪声等非相干的噪声将不再是主要的干扰来源。与此同时，相关性的干扰源，如由于导频复用而造成的导频污染，成为影响性能的重要因素之一。

3. 空间分辨率提升

极高的发送天线数目提供了足够丰富的自由度对信号进行调整和加权。这不仅可以使发射信号形成更窄的波束，另一方面，也使信号能量在空间散射体丰富的传播环境中能够有效地汇集到空间中一个非常小的区域内，提高空间分辨能力。

4. 信道“硬化”

在大规模天线阵足够大时，随机矩阵理论中的一些结论便可以引入到大规模天线的理论研究中。在天线数目足够多时，信道参数将趋向于确定性，具体来说，信道矩阵的奇异值的概率分布情况将会呈现确定性，信道发生“硬化”，导致快速衰落的影响变小。

大规模天线的理论特性研究，大多是在假设天线数目可以无限增加的情况下进行的。在这种假设条件下，很多理论推导的工作都可以转化成为极限操作，能够获得较为简单和直观的闭合结论。但是，在现实条件下，天线数目是一个重要的限制条件，不可能无限增加。因此，目前从工业界的角度，关注点更加集中在大规模天线的实际增益以及其变化趋势上，对于大规模天线的理论特性则主要在定性分析上。在学术界，大规模天线理论研究工作也逐渐从理想条件下以及极限条件下大规模天线的性质分析，逐渐过渡到非理想条件下，例如在天线数目受限、信道信息受限等条件下，大规模天线的实现方法和具体性能研究。

（四）大规模天线的原型测试平台

为了进一步缩小大规模天线理论研究和实际应用的差别，学术界和工业界都在积极探索大规模天线原型系统的研究和开发，例如：Green Touch 原型演示系统、Argos 测试平台以及 Lund 大学大规模天线测试平台。

1.Green Touch 原型演示系统

Green Touch 在 2010 ~ 2011 年间便开始针对大规模天线的能效方面的研究。Green Touch 使用的大规模天线演示系统由 16 个天线单元构成，每个天线单元包括 4 个同相位的天线振子，如图 5-10 所示。演示系统基于 TDD，大规模天线发送端通过上、下行信道的互易性获取信道信息，并进行最大比合并和最大比发送。通过对比采用单个天线单元以及采用全部 16 个天线单元进行上行接收时，单个终端发送功率的变化，该系统展示出当天线单元数目翻倍时，在不造成信号处理损失的情况下发送功率可以降低一半。结合理论分析，Green Touch 认为当天线数目增加到上百根时，采用空间复用技术实现多用户的传输，可以得到更为可观的能量效率。图 5-11 为天线数目为 100 的大规模天线系统能够达到的能量效率与单用户单天线系统的能量效率的对比。

图 5-10 Green Touch 大规模天线演示系统

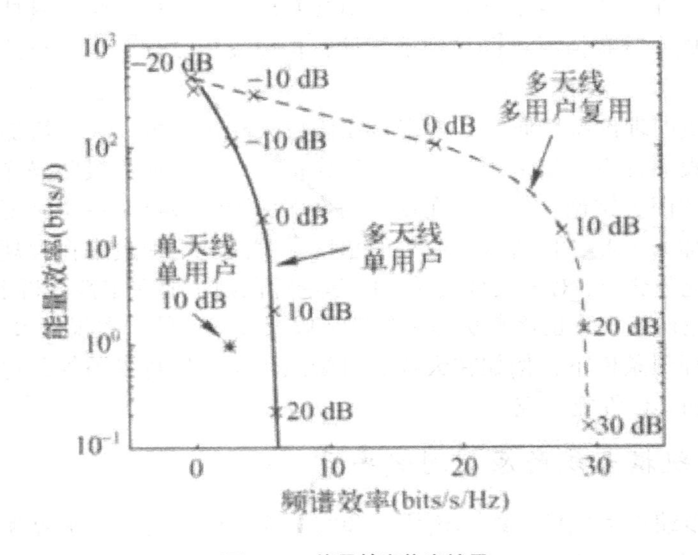

图 5-11 能量效率仿真结果

2.Argos 测试平台

Argos 测试平台是由美国 Rice 大学和贝尔实验室联合开发的用于验证大规模天线系统可行性的实验平台，如图 5-12 所示。虽然 Argos 平台的一个设计初衷是为了研究采用更多天线的情况下多用户传输在实际传播环境中的性能上限，但是实际上 Argos 系统作为采用 WARP（Wireless Open-Access Research Platform）扩展的方式成功实现的大规模天线测试系统，这一系统搭建成功本身也是对其大规模天线测试系统的研发非常重要的激励。

Argos 系统由中央控制单元、总线系统，以及 WARP 模块板构成，如图 5-13 所示。每一块 WARP 板包括 4 个射频天线以及相应的射频控制器，通过在总线上连接多个 WARP 模块，可以实现大规模天线阵列系统及传输，并且通过改变 WARP 模块的数目可以灵活配置大规模天线系统中的天线数目。虽然 Argos 系统在设计演示时只实现了

64 天线的大规模天线传输，但是这种基于总线以及多个射频单元模块构成可配置的大规模天线测试系统的架构已经在其他大规模天线测试平台的研发中得到广泛认可。

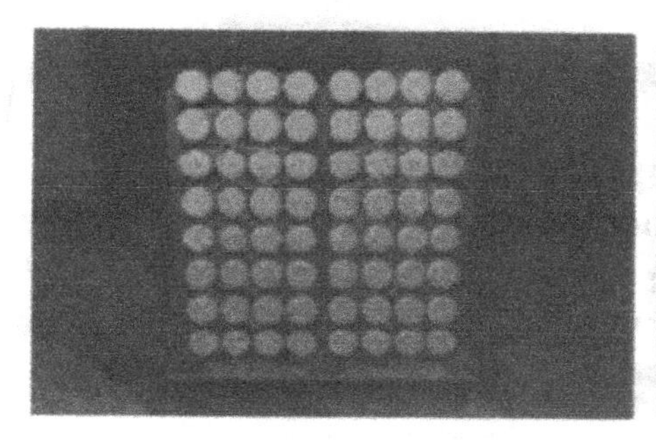
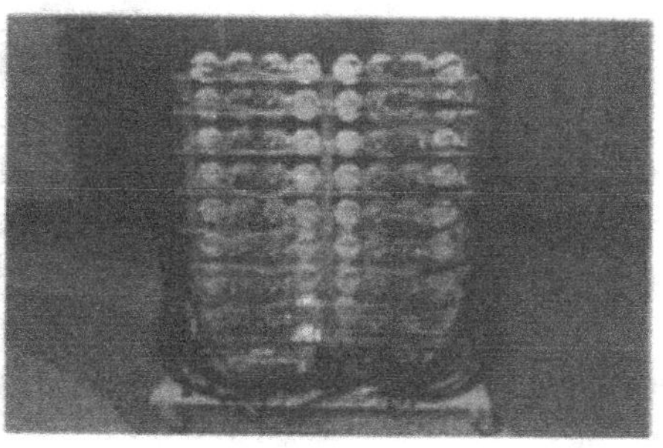

图 5-12　Argos 系统外观

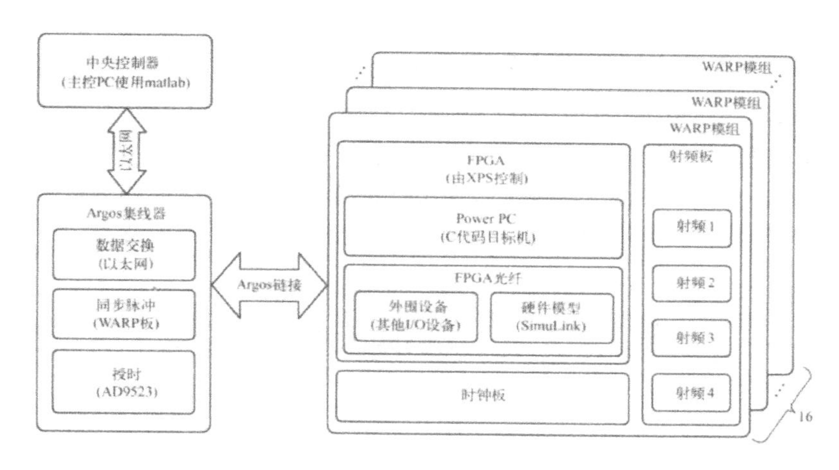

图 5-13　Argos 系统的构成

3.Lund 大学大规模天线测试平台

瑞典的 Lund 大学是早期投入大规模天线原型机研究的学术机构之一。Lund 大学早期的测试平台主要用于研究大规模天线系统采用不同天线阵列形式，如圆柱形和直线排列，对信道传播的影响。在 2014 年，Lund 大学和 NI（National Instrument，美国国家仪器公司）联合构建了具有通用性、灵活性，以及可扩展性的大规模 MIMO 测试台平台（LuMaMi），如图 5-14 所示。该平台基于软件无线电系统实现，包含 128 根天线，能够进行信号的实时处理，且可以支持在各个频段和带宽上进行双向通信实验。

a)

b)

图 5-14　瑞典 Lund 大学大规模天线测试平台
（a）瑞典 Lund 大学大规模天线测试平台；（b）一种自定义的极化贴片天线阵列

除学术界对大规模天线实验平台的研发之外，工业界也在积极尝试探索大规模天线商用化的可能。如三星在28GHz的高频大规模天线实验系统、国内的大唐电信、中兴、华为等企业都在积极尝试的大规模天线原型样机的开发。理论研究和工程探索的成果，展示出大规模天线巨大的应用潜力。

第三节　大规模天线的挑战

一、天线的非理想特性

大规模天线应用的一个重要假设是信道具备互易性，这会对系统设计带来巨大的便利以及容量的广泛提升。否则，完全依赖反馈的开销将非常巨大，系统设计也变得异常复杂。然而，信道互易性假设和其适用范围，特别是针对大规模天线系统是否适用，值得做深入的研究。

信道互易性的涵盖是广泛的，结合广义的范围看要求满足互易的信道的幅频响应是相同的，而从狭义的角度看则要求某些统计量相同，如终端通过测量接收信号的RSRP(Reference Signal Receiving Power，参考信号接收功率)的统计量来选择发送功率。对于 MIMO 系统，为了利用 MIMO 技术，需要关注的互易统计量是天线间的相对幅度和相位关系，也就是说不关心绝对的幅频响应是否相同，但要求相对的关系一致才能够利用互易性。

天线校准便是利用这一点，对于实际系统，基带估计的信道值都是包含有射频部分的响应的，而实际系统的射频模块很难做到理想，不同天线射频通道响应可能有所不同，这使得估计信道响应的相对关系和实际信道的相对关系有较大的偏差。天线校

准的示意图如图5-15所示，图中标识了发送通道的校准信号、接收信号、相关射频响应，以及同样接收通道的校准信号、接收信号、相关射频响应。

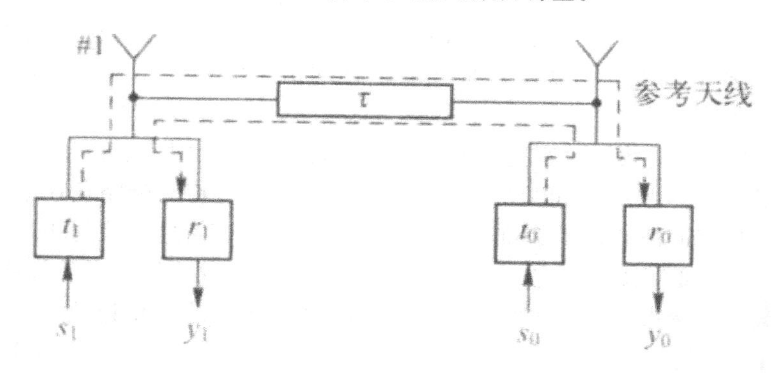

图5-15　天线校准示意图

对于TDD系统，由于发送和接收在相同的频点，只是时间上有所区分，在实际系统中认为是互易的。然而其应用的主要挑战在于实际组网下的系统性能，特别是严重干扰下的性能。首先因上行受到的干扰和下行受到的干扰肯定是不互易的，因而单独利用信道估计不足以确定下行的最优发送策略。此外，干扰越大则信道估计的准确度越低，这就会使系统设计陷入怪圈，即用户少的时候，本身系统容量要求不高的条件下，其大规模天线的容量高，而一旦真的用户数较多需要容量时，因为较大的干扰破坏了互易性的应用空间，反而在需要容量的时候拿不出容量。

对于FDD系统，由于频点间差别较远，普遍认为互易性较为困难。对于LOS的场景，可以通过一定的算法补偿，准确地完成估计，因为LOS场景下的客观量便是用户的位置和几何学上的来波方向，不同频点的影响只是在天线阵列间的相对相位关系，这可以很容易通过算法完成估计和补偿，当然这需要和TDD系统一样先经过天线校准。然而更大的挑战在于NLOS的场景，对于NLOS场景可能有多个来波方向，由于频率选择性的关系，可能在一个频点是某个方向能量强一些，而在另一个频点可能就是另一个方向强了，这使得仅仅通过上行频点的最强来波方向估计去确定下行最强的来波方向是很困难的。而且即便是可以确定最强的来波方向，角度扩展较大时同样难以应用，因为没有各个方向的相位信息，无法进行数字域的抑制，只能选择最强的方向作为发送方向发送，这使得多用户复用时，若其他用户虽然主方向与本用户不同可以复用，但由于角度扩展较大，其他用户能量扩展到本用户的发送方向上，会带来较大的干扰。

二、信道信息的获取

在FDD系统中，终端需要对下行信道测量后反馈给基站。反馈包括两种方式：隐式反馈和显式反馈。隐式反馈是先假定系统要进行的传输方式，即SU-MIMO还是MU-MIMO。然后每个接收端会按照这种传输方式进行相应的反馈。隐式反馈要求接收端反馈其能够获得最大系统容量的预编码向量和相应的信道质量信息。隐式反馈方案具有反馈量小的优点，但是其缺点是降低了传输端的灵活性。与隐式反馈不同的是，显式反馈并不假定某一种传输方式，而是反馈既支持SU-MIMO又支持MU-MIMO的信道状态信息。其中，信道状态信息可以是接收端进行信道估计后的信道矩阵、特征向量或者有效信道的方向信息。显式反馈使传输端的灵活性更好，缺点是增大反馈量。LTE FDD采用基于码本的隐式反馈来获取下行的信道信息，终端反馈的信息可包括RI、PMI和CQI等。

大规模天线系统的频谱效率提升能力主要受制于空间无限信道信息获取的准确性。大规模天线系统中，由于基站侧天线维数的大幅增强，且传输链路存在干扰，通过现有的导频设计及信道估计技术都难以获取准确的瞬时信道信息，该问题是大规模天线系统必须解决的主要瓶颈问题之一。TDD具有天然优势，这是因为随着天线数的增多，FDD需要的导频开销增大，而TDD可以利用信道的互易性进行信道估计，不需要导频进行信道估计。因此，探寻适用于FDD的大规模天线系统的导频设计和信道估计技术，对构建使用的大规模天线系统具有重要的理论价值和实际意义。

三、多用户传输的挑战

多用户MIMO系统中，所有配对用户可以在相同的资源上传输数据。因此，相比于单用户MIMO系统，多用户MIMO不仅可以利用多天线的分集增益提高系统性能，和/或利用多天线的复用增益提高系统容量，还由于采用了多用户复用技术，多用户MIMO可以带来接入容量的增加。此外还可以利用多用户的分集调度，获得系统性能的进一步提升。基站可以同时服务的用户数目受限于其发送和接收的天线数目（和基站天线数目成正比）。例如根据现有3GPP标准，LTE系统最多配置8根天线，其服务的最大用户数目为4。而大规模天线系统要求基站配置数十甚至上百根天线，因此大规模天线系统能够获得更多的空间自由度，从而可以将其服务的最大用户数提升至10个甚至更多。

最大多用户数目的提升可以使系统传输速率增加，然随着多用户数的增加，系统的计算复杂度将呈现大幅增加。

系统计算复杂度的增加主要体现在以下几个方面：

（一）多用户配对和调度

多用户MIMO系统中，基站调度器需要根据系统内的用户信道状态，选择合适的用户子集进行配对传输。假设系统可以支持的最大配对用户数目为N，如果考虑采用比较简单的穷搜配对算法，那么基站为了获得最优的配对情况，需要计算$C_N^1+C_N^2+\ldots+C_N^N=2^N$次，可看出随着天线数目的增加，多用户配对与调度算法将呈现指数级的增长。

（二）多用户预编码

下行多用户系统中，基站需要利用多天线的预编码技术对用户数据信号进行预处理，从而充分抑制多用户间的干扰。现有的预编码算法包括非线性多用户预编码和线性多用户预编码。由于非线性多用户预编码实现复杂度过高，在实际的应用中一般采用线性预编码。经典的线性预编码算法包括迫零波束赋形，最大 SLNR（Signal-to-Leakage-and-Noise Ratio，信漏噪比）等。我们以迫零预波束赋形算法为例，分析大规模天线系统中多用户预编码的计算复杂度。迫零波束赋形预编码矩阵是通过对等效用户信道矩阵求逆获得的，而矩阵的求逆计算复杂度为矩阵 M 的三次方，即 $O(M^3)$，因此不难看出，随着系统配置的天线数目增加，基站与用户之间的等效矩阵维度将随之增加，这将不可避免地造成多用户预编码矩阵计算复杂度的提高。

此外，在实际系统中，多用户配对调度以及预编码算法之间存在紧密的联系，二者相互影响。通过上面的分析可以看出，在大规模天线系统中，为了实现多用户传输，将会面临计算复杂度大幅提升。因此，如何优化系统预编码和调度算法，以较低的复杂度最大限度地利用信道空间自由度，提升多用户传输的性能是大规模天线系统的另一个重要挑战。

四、覆盖与部署

大规模天线阵列是大规模天线技术的主要特征之一。且随着射频单元数目的增加，在天线振子间距保持不变的情况下，天线阵列的尺寸会随之增大。由于工业界一般采用 0.5 ~ 0.8 倍波长的宽度作为天线振子的间距，因此在现在普遍使用的 6GHz 以下的中低工作频段，增加天线振子将显著增加整个天线的尺寸。另一方面，由于 BBU（Base Band Unite，基带处理单元）和 RRU（Radio Remote Unit，射频拉远模块）之间的 Fronthaul（前向回传）连接的带宽与天线端口数目成正比，当部署大规模天线系统时，如果 BBU 和 RRU 之间采用传统的光纤接口，Fronthaul 光纤接口的成本将显著增长，从而导致大规模天线系统的成本显著增加。采用 BBU 和 RRU 一体化方案可以解决 Fronthaul 成本增加的问题，但是集成基带处理单元后，不仅会显著增加大规模天线系统的尺寸（一般来说，会增加设备的厚度）和重量，造成设备安装和部署的困难，同时，为了满足集成基带处理单元的散热、功耗等问题，一体化设备对部署环境以及日常维护也提出了更高的要求。

由于大规模天线阵列的使用，数目更多的天线振子可以映射到单个天线端口中，因此大规模天线系统能够提供更窄的波束。窄波束可以显著提高信号在传播过程中的空间分辨率，有利于降低不同波束之间的干扰，提高共享信道中多用户传输的性能；但是对于广播信道，较窄的波束意味着单波束覆盖范围的降低。如果降低单个天线端口中天线振子的数目，虽然可以增大波束的宽度，但是天线端口的发送功率也会随着天线振子数目的减少而降低，同时由于在天线阵列总发送功率不变的情况下大规模天线阵列中单个天线振子的发送功率较低，直接采用这种方案在覆盖范围方面也会面临较大的挑战。由于覆盖能力与网络部署和优化直接相关，因此针对大规模天线技术的研究除了着眼于提高传输效率（如提高频谱效率、多用户传输能力）外，同时需要解决大规模天线系统在部署过程中的实际需求。

无线网络建设的成本约占运营商网络投资主体的 70%，其中包括 CAPEX 和 OPEX。在这两项成本中，占据主要地位的分别是工程施工与设计成本（约占 CAPEX

30%）以及网络运营与支撑成本（约占 OPEX 的 40%）。虽然大规模天线系统实现了传输在空间域的扩展，在提升系统频谱效率方面展现了巨大潜力，但采用大规模天线技术后，如何满足灵活部署、网络易于运维等方面的实际需求，特别是提高传输效率与部署，也是亟待研究解决的现实问题。

第四节　大规模天线技术方案前瞻

大规模天线的技术方案研究是最早开始的5G关键技术研究，也是目前5G各项关键技术中，研究和讨论最为集中的方向之一。其中，除了各个5G研究团体展开的大规模天线研究外，3GPP开展的“Full Dimensional MIMO/Elevation Beamforming”研究课题，也被普遍认为是大规模天线研究的一部分。本节分别对大规模天线中几个相对基础和有特点的研究方向与内容加以介绍。

一、大规模天线的部署场景

大规模天线系统可能的应用场景其中城区覆盖分为宏覆盖、微覆盖以及高层覆盖三种主要场景：宏覆盖场景下基站覆盖面积比较大，用户数量比较多，需要通过大规模天线系统提升系统容量；微覆盖主要针对业务热点地区进行覆盖，比如大型赛事、演唱会、商场、露天集会、交通枢纽等用户密度高的区域，微覆盖场景下覆盖面积较小，但是用户密度通常很高；高层覆盖场景主要指通过位置较低的基站为附近的高层楼宇提供覆盖，在这种场景下，用户呈现出2D/3D分布，需要基站具备垂直方向的覆盖能力。在城区覆盖的几种场景中，由于对容量需求很大，需要同时支持水平方向和垂直方向的覆盖能力，因此对大规模天线研究的优先级较高。郊区覆盖主要为了解决偏远地区的无线传输问题，覆盖范围较大，用户密度较低，对容量需求不是很迫切，因此研究的优先级相对较低。无线回传主要解决在缺乏光纤回传时基站之间的数据传输问题，特别是宏基站与微基站之间的数据传输问题。

（一）室外宏覆盖

大规模天线系统用于室外宏覆盖时，可以通过波束赋型提供更多流数据并行传输，提高系统总容量。尤其是在密集城区需要大幅提高系统容量时，可采用大规模天线系统。

因室外宏覆盖通常采用中低频段，当采用大规模天线系统时，可能会造成天线尺寸较大，增加硬件成本和施工难度，因此小型化天线是重要的发展方向。

UMa场景是移动通信的主要以及最重要的应用场景之一，如图5-16所示，在实际环境中占有较大比例。首先，UMa场景中用户分布较为密集，随着用户的业务需求的增长，对于频谱效率的需求也越来越高；其次，UMa场景需要提供大范围的服务，在水平和垂直范围，基站都需要提供优质的网络覆盖能力以保证边缘用户的服务体验。大规模天线技术能够实现大量用户配对传输，因此频谱利用率能够大幅度提高，满足

UMa 场景频谱效率的需求。另外由于大规模天线能够提供更为精确的信号波束，因此能够增强小区的覆盖，减少能量损耗，利于干扰波束间协调，有效提高 UMa 场景的用户服务质量。

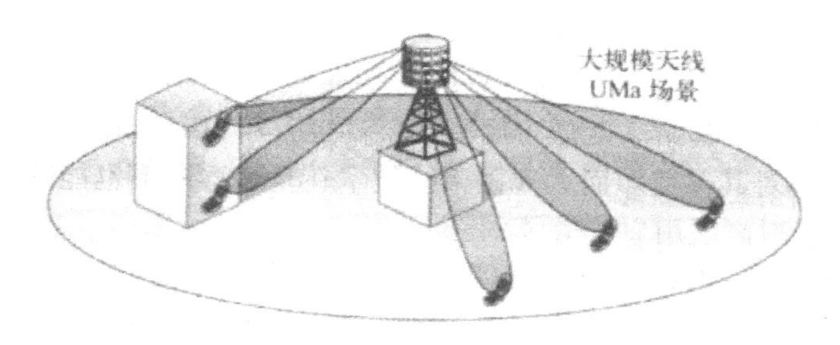

图 5-16　UMa 场景

另一方面，由于大规模天线技术需要配置大量的天线振子，放大器及射频链路结构复杂，单个系统成本较高，并需占用较大的空间尺寸。而一般 UMa 场景的基站具有较大的尺寸和发射功率，高度一般大于楼层高度。因此，UMa 场景中大规模天线系统可以获得较为丰富的天面资源。

从 UMa 的场景需求和大规模天线的技术特征等方面判断，UMa 场景是大规模天线的一个典型应用场景。

（二）高层覆盖

大多数城市都会有高层建筑（20 ~ 30 层），分布不均匀，这些分布不均的高楼被 4 ~ 8 层的一般建筑所包围。高层建筑的覆盖需要依赖室内覆盖，对于无法部署室内覆盖的高楼，可以考虑通过周围较低楼顶上的基站为其提供覆盖，通过大规模天线技术形成垂直维度向上的波束，为高层楼宇提供信号。类似地，在一些山区，也可以通过大规模天线技术为高地提供信号覆盖，其主要是利用大规模天线系统在垂直方向的覆盖能力。

（三）微覆盖

根据部署位置不同，微覆盖还可以分为室外微覆盖和室内微覆盖。

1. 室外微覆盖

室外微覆盖主要应用在一些业务量较高的热点区域进行扩容，以及在覆盖较弱的区域用于补盲。在业务热点区域，比如火车站的露天广场等场所，用户密集，业务量较大，可通过大规模天线系统进行扩容。UMi 场景是另一个移动通信应用的主要场景，一般为市内繁华区域，建筑物分布和用户分布都相对密集，UMi 场景中的基站需要对大量的用户同时进行服务，对于系统频谱效率的要求较高；同时，在 UMi 场景中，信号传输环境相对复杂，传输损耗较大，因此需要通过有效的传输和接收方式提高信号传输效率；另外，UMi 场景中小区之间相对距离较小，小区间干扰较大，服务质量受干扰限制，尤其是边缘用户的性能受干扰影响明显，因此还需有效的干扰协调和避免技术。

在UMi场景中，大规模天线技术首先能够实现大量用户的多用户配对，使得频率资源能够同时被多个用户复用，频谱效率大幅提升；其次，大规模天线技术能够形成精确的信号波束，能够针对特定用户进行高效传输，保证信号的覆盖和用户服务质量；同时，在大规模天线技术中，形成的波束具有较多的空间自由度，在水平和垂直维度都能够提供灵活的信号传输，使得信号间干扰调度变得更加灵活有效。

另外，UMi场景中基站高度低于周围楼层高度，用户分布在高楼层时，传统的通信系统不能很好地对其覆盖。而大规模天线技术在垂直方向上也能够提供信号波束赋形的自由度，改善对高层用户的信号覆盖。

相对于UMa场景，UMi基站尺寸以及发射功率等都较小，但是仍能够为大规模天线技术提供足够的应用空间和成本资源。因此，UMi场景也是大规模天线的一个典型应用场景。

2. 室内微覆盖

室内覆盖是移动通信需要重点考虑的应用场景。据统计，将来80%的业务发生在室内。室内覆盖最重要的需求是大幅提升系统容量以满足用户高速率通信的需求。室内覆盖也可以使用大规模天线技术来提高系统容量，同时考虑到室内覆盖通常会采用较高频段，大规模天线系统可以通过3D波束赋型形成能量集中的波束，从而克服高频段衰减大的缺点。

室内场景可以分为很多类型，主要包括：

（1）一般室内环境

基站可以部署在走廊，也可在各个房间内。

（2）大型会议场馆

基站可以部署在各个角落，也可以位于天花板上。

（3）大型体育场馆

基站可以分散部署在场馆的各个角落。

（四）无线回传

在实际网络中，某些业务热点区域需要新建微基站，但是并不具备光纤回传条件。可以通过宏基站为微基站提供无线回传，解决微基站有线回传成本高的问题。这种场景中，宏基站保证覆盖，微基站承载热点地区业务分流，宏基站和微基站可同频或异频组网，典型的应用为异频。回传链路和无线接入可同频或异频组网。

在无线回传中，可能存在无线回传容量受限的问题。宏基站采用大规模天线阵列，通过3D波束为微基站提供无线回传，可提高回传链路的容量。该场景进一步可分为室外和室内无线回传两种场景：支持大规模天线的宏基站为室外微基站做无线回传；支持大规模天线的宏基站为室内微基站做无线回传。

二、大规模天线的关键技术研究

（一）信道信息的测量与反馈

在 TD-LTE 系统中，基站可通过上下行信道的互易性，根据对上行 SRS（Sounding Reference Signal，探询参考信号）导频测量的结果获取下行信道的状态信息，因此对于 TD-LTE 系统，使用大规模天线后，信道信息的测量与获取方式可以使用与现有 4G 系统相同的方案。对于 LTE FDD 系统，需要终端对下行信道进行测量后反馈给基站，在现有 4G LTE 系统中，采用基于码本的有限信道信息反馈来获取下行的信道信息。当采用大规模天线后，采用现有 4GLTE 信道测量和反馈方法，所需开销将随天线振子数目增加而显著增加，由此在这一部分，将针对 FDD 方式下，大规模天线系统的测量与反馈方案进行讨论。

1. 基于 Kronecker 乘积的反馈方法

在基于 FDD 的 MIMO 系统中，基站需要通过用户测量导频并反馈信道信息。用户直接反馈 2D 天线阵列的信道信息将导致巨大的反馈开销。为了降低用户信道信息反馈开销，用户可以对水平和垂直维度天线分别反馈信道信息。基站获得用户反馈的水平和垂直信道信息后通过 Kronecker 乘积恢复 2D 天线阵列的信道信息（见图 5-17）。基站用户预编码矩阵 W 通过水平预编码矩阵 W_H 与垂直预编码矩阵的 Kronecker 乘积获得，即有

$$W = W_H \otimes W_v \tag{5-6}$$

基于 Kronecker 乘积的反馈方法可明显降低用户的反馈开销，水平维度和垂直维度的 CSI-RS 端口数都不会超过 8 个。

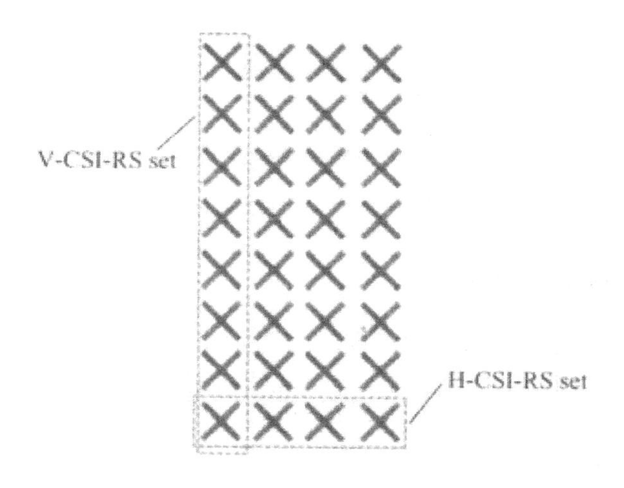

图 5-17　基于 Kronecker 乘积的反馈方法

考虑的天线配置为 $(M,N,P,Q)=(8,4,2,16)$，水平维度天线端口数目也为 8，垂直维度天线端口数目为 2，仿真场景为 3D-UMa/3D-UMi 场景。

2. 基于虚拟扇区化的方案

基于CSI-RS波束赋形的扇区虚拟化是一种受到广泛关注的大规模天线增强方案。该方案的核心思想是利用对CSI-RS的波束赋形技术，在水平和垂直方向形成多个虚拟扇区，每个扇区配置相同的小区ID，通过降低用户每次需要测量和反馈的天线端口数目。为了实现虚拟扇区化，基站需要配置多个CSI-RS资源，每个CSI-RS资源对应虚拟扇区，在每个虚拟扇区内，终端接收到的CSI-RS资源上的端口数目小于等于8。

基站通过多个TXRU产生不同方向的虚拟扇区，在实现该方案时，小区下倾角和水平角参数的设置会对虚拟扇区化方案的系统性能产生较大影响。

图5-18给出了4个垂直虚拟扇区时天线端口虚拟化的示例，天线配置为$(M,N,P,Q)=(32,4,2,32)$，每一列的相邻8个同极化阵子映射为一个TXRU。每一列在相同的极化方向上有两个TXRU，垂直方向的每个TXRU对应一个虚拟扇区，扇区的下倾角根据不同场景设置为不同数值。水平方向上共有8个TXRU，TXRU与天线端口为一一映射，每个虚拟扇区的天线端口数目为8，与Release 12保持一致。为了能够让用户接入到最佳的虚拟扇区中，终端与基站需进行波束的选择。

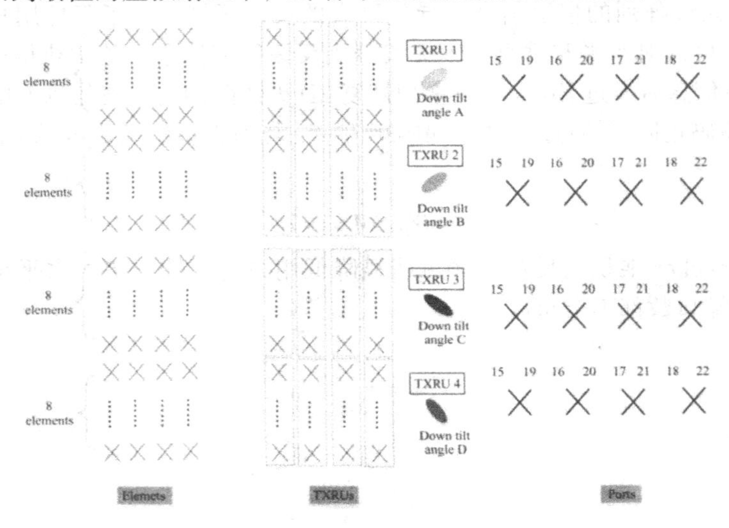

图5-18　天线端口虚拟化

（二）导频和码本设计

实际系统中，空间无线信道信息的获取主要来源于导频信号，而导频信号在时间、频率上的分布及小区间的干扰都会影响空间无线信道信息获取的准确性。提高空间无线信道信息获取的准确性的主要手段有以下几种：

1. 主动干扰避免

主动干扰避免主要通过小区内和小区间导频的正交化设计来主动避免导频之间的相互干扰（导频污染），接收端通过较为简单的信道估计算法即可获取较为准确的空间无线信道信息。但是这种方式导频开销一般比较大。导频可通过时分/频分/码本复用的方式避免导频间的干扰。

2. 被动干扰抑制

被动干扰抑制主要指基站侧通过大规模天线系统所拥有的精确空间分辨能力，接收端通过较为复杂的信道估计方法对导频干扰进行抑制，从而提升无线信道信息获取的准确性。这种方式要求导频间相互正交，由此开销相对比较小，但接收端的复杂度将会有所提高。

在基于码本反馈的 FDD MIMO 系统中，基站发送下行导频信号；用户对导频信号进行测量，选取与信道相匹配的码本并反馈给基站。大规模天线系统需要支持更多的天线，在 FDD 大规模天线系统中，基站需要发送更多的下行导频信号来获取下行信道的状态信息。如果采用目前 LTE 设计 CSI-RS 的方案，大规模天线系统中所需要的导频开销将随天线数的增加呈线性增长。

（1）基于天线虚拟化的导频设计

基于天线虚拟化的导频设计方案可有效降低大规模天线所需要的下行导频数量。其主要思想是基站利用大规模天线形成若干个波束，并对导频信号进行预编码并发送给用户，用户通过测量获取预编码后的信道，基于该信道信息选取最优码本并反馈给基站，基站根据导频预编码和用户的反馈共同决定数据信道的预编码。预编码矩阵 $W\{W_1,W_2,\cdots,W_M\}$ 由基站产生，W 的数目大于或等于导频信号端口的数目。且该预编码矩阵 W 对用户透明，即用户不知道 W 的具体内容。基站从 M 个预编码矩阵中选取 N 个对导频信号进行预编码，并发送导频信号。基站在不同的时刻可选取不同的预编码矩阵对导频信号进行预编码并发送。

（2）天线分组的码本设计和反馈方法

大规模天线系统中，需要从只关注在水平方向的波束赋形转移到关注水平和垂直共同作用下的空间立体自适应波束赋形技术。如何在尽可能降低上行反馈信道开销的情况下设计大维度的码本空间，保证无线信道的量化精度，是需要仔细研究的问题（特别是系统上下行信道特性不同的频分双工系统）。其主要解决方法有：

①基于旋转的码本构造方法

目前学术界关于 Grassmannian 流行压缩的研究主要集中于低维度的情形，对于高维度的研究较少，因此它对计算复杂度和性能提出了双重要求，所以必须通过设计搜索算法的精心设计才能够在较短时间内获得较为理想且上行反馈开销小的结果。

②基于叠加的码本构造方法

分析大规模天线系统空间无线信道的特点，通过多级码本的设计来降低系统的上行反馈信道开销，并保证空间无线信道的量化精度。例如，分别设计水平码本和垂直码本，在基站通过 Kronecker 乘积的方式形成大维度码本。

目前 LTE 中为了支持 2、4、8 根发送天线下的信道反馈，分别定义了三种码本。大规模天线系统天线数目将更大且多样，比如可以支持 16 ~ 128、256 甚至更多天线数。码本的设计一直是 LTE 系统的一个难点，此时针对不同的天线数目，逐个去设计码本并基于此进行反馈的方法将过于复杂和不切实际。

（三）低复杂度接收机

当大规模天线进行多天线接收时，接收机复杂度将成为比较重要的问题，本节给出两种降低复杂度的技术方法。

1. 近似线性接收机性能的低复杂度迭代算法

当基站侧配置天线数较多，同时上行链路 MU-MIMO 并行传输用户数目较多时，非线性检测的复杂度会显著提升，此时当接收性能要求相应降低时可以采用线性接收机，例如 ZF（Zero Forcing，迫零）或 MMSE（Minimum Mean Square Error，最小均方误差）。然而，线性接收机中也需要做信道矩阵求逆计算，在信道矩阵维度较高时复杂度也非常可观。

2. 利用信道时间相关性的低复杂度解决方案

如前所述，线性接收机复杂度主要体现在矩阵求逆的计算上。考虑在目前 LTE 系统设计中的实际计算方法，导频在时域间隔插入，通过对不同时间点上导频估计的信道冲激响应进行时域插值获得时间维度上各个 OFDM 符号上的信道冲激响应，而后在每个 OFDM 符号上进行信道检测，这样也就是每个 OFDM 符号都要做信道的矩阵求逆。

在实际系统中，当用户移动速度不大时，信道的时变性并不明显，也就是在相干时间内可以认为信道是时不变的，这样以相干时间 N 为周期，对每 N 个 OFDM 符号上的信道进行一次矩阵求逆操作，由此整体求逆操作次数将为原来的 1/N。W 的数值选取需要多次测试后得出。在具体实现时，需要接收机留出存储空间，将每组符号上的信道进行求逆计算后存储并应用到 N 个 OFDM 符号上，N 个符号后存储器进行更新。

当然，进行分组操作后的系统性能会受到不同程度的影响，这与 N 值的选取和用户移动速度有关，需要基站通过用户的移动速度测量后对 N 设置不同的取值。

三、轻量化大规模天线的技术方案

对 5G 网络的研究应总体致力于建设满足部署轻便、投资轻度、维护轻松、体验轻快要求的“轻”型网络，那么在大规模天线部分轻量化的技术方案则应引起业界的重视。

（一）基于大规模天线的无线回传

在无线网络建设成本和运营成本中占据主要地位分别是工程施工与设计成本以及网络运营与支撑成本。因此，从运营的角度考虑，一种能够降低整体部署成本并降低运维成本的大规模天线应用方案将更加符合运营商实际部署的需求。

在 5G 及未来通信系统中，基站数目将显著增加。这一方面将导致控制建站成本随着建站数目需求的增加而变得更为重要；另一方面，站址资源的选择将面临更加严峻的挑战，未来密集部署的基站选址将更加具有灵活性。

传统基站使用的光纤回传以及微波点对点无线回传系统在适应这种新的变化时都存在明显的不足。光纤回传的建设过程决定了其较高的建设成本，并且采用光纤回传基站的选址必须限制在光纤接入点的附近。当大量使用宏基站进行广域覆盖的情况下，

光纤回传的这些特点并不会在建设、运维过程中产生显著的负面影响；但当基站逐渐趋于低成本、小型化，基站部署位置越来越密集灵活的情况下，固定的光纤回传显然不是最优的选择。由于未来基站组网部署的一个方向是大规模部署微基站，并且微基站具有灵活的开启和关闭能力，在这种趋势下，需要一种新的回传解决方案来满足建设成本、网络性能以及组网灵活性三者之间的平衡。

由于网络建设和运维具有连续性和可持续性，且由于网络建设程度和建设周期的差异，大规模天线技术将不可避免地与微基站技术混合部署、联合组网。因此可以利用宏基站为微基站提供基于大规模天线的无线回传。

对于采用大规模天线的宏基站来说，从传输的角度看，通过无线回传链路接入宏基站的各个微基站本质上与宏基站内的用户并没有区别，因此利用大规模天线提供的空间自由度，宏基站可以同时为多个位置的微基站提供无线回传。而另一方面，利用动态波束赋形，理论上，当采用大规模天线提供无线回传时，微基站的部署位置可以灵活调整。相对于传统回传方式，这一应用方式会显著降低站址选择以及回传线路架设的成本。

进一步，由于微基站相对于宏基站在相当长的时间内都不会发生移动，因此宏基站与微基站间的信道具有极低的时变特性。这一特性为信道测量、信道信息反馈技术方案的设计提供了足够的研究与优化空间，能够在显著降低信道信息反馈开销的同时提高信道信息的准确程度，可使大规模天线即使采用简单的传输方案仍能高效进行，可以极大地降低大规模天线系统的运维难度和成本。

（二）虚拟密集小区

随着天线数目的增加，对于 FDD 的大规模天线系统，由于信道反馈量大幅增加，实际系统设计变得较为困难，同时传统终端难以利用大规模天线带来的性能增益，实际系统性能依赖于可支持大规模天线终端占据的比例，这些都给网络部署和维护带来困难。另一方面，超密集组网虽然可以大幅度提升系统容量，但是考虑到工程实际部署的困难，以及站址资源回传和投资成本收益等因素，超密集的小区不一定在所有的场景都适用，集中式的宏技术对运营而言仍然有较大的吸引力。

传统网络优化采用小区分裂的方式进行扩容，包括新增站址和基于天线技术的扇区化分裂等方式。而大规模天线系统从理论上支持了更多小区分裂的可能性。利用集中式的大规模天线系统，通过结合 MIMO 技术的灵活性和小区分裂技术的简洁性，半静态地赋形出很多个具有小区特性的波束，看起来就像是虚拟的超密集组网一样。

其技术成形的每个波束上有不同或相同的物理小区 ID 和广播信息，看起来就像是一个独立的小区。小区的数量有一定限制，并可以根据潮汐效应半静态地转移。虚拟小区间的干扰可以利用干扰协调技术或是一些实现相关的增强手段来克服。可以在窄波束虚拟的小区上，用宽波束虚拟出宏基站小区，由此形成 HetNet 的网络拓扑。

然而实际系统是十分复杂的，简单的示意性仿真不能说明系统的实际增益，包括更好的波束成型跟踪技术（大规模天线领域）或者是干扰协调技术（超密集组网领域）都会对系统的性能带来影响，需要长远和深入的评估。虚拟波束成小区的管理和干扰也同样复杂，包括可以分配相同或不同的小区广播信息与ID等，这和在UDN中面临的问题相类似，其对网络极度复杂下运维网优的挑战，可以与密集小区的场景整合到统一的网络管理平台之中。

（三）分布式大规模天线

由于天线数量的增加，大规模天线对天线的形态和信号处理的方式会有一定程度上的转变。以2GHz载波频率的天线为例，其波长为15cm，考虑天线间距为半波长以上才能获得阵列信号处理得较好的处理增益，因此对于8行8列双极化的128天线来说，其尺寸至少约为60cm×60cm。这相对传统天线来说尺寸变化较大，特别是在水平方向上，因为在传统天线的竖直方向有很多为了获得天线增益的振子存在，可以减少天线增益为代价赋予原有竖直方向上天线振子独立调制信号的自由度，来实现大规模天线系统。模拟信号数字化虽然可能减少最终天线增益，其最主要的一个好处便是可以获得信号处理的自由度。这一自由度可以是多方面的，从系统容量的角度来讲，通过扩展空域信号的自由度也就是空间信道矩阵的秩，来复用更多高信噪比下的用户；而从天线设计的角度，这一自由度减弱对传统天线形态的必然要求。传统天线为了通过简单有效的方式获得波束成型的天线增益，往往采用均匀线性阵列，这使得天线的形态成为一个封闭的长方体。数字化自由度使得在原理上不需要限制天线振子的位置，通过数字化的接收端调整幅度和相位进行补偿，以达到和均匀线性阵列相同的性能。

另外，考虑大规模天线的采用不同天线形态，拥有几十甚至几百个天线阵子的分布式大规模天线有其他天线结构无法比拟的优势。①更易于部署：相比于集中式大规模天线，分布式的天线结构能更灵活地设计天线形态，可以有效解决大规模天线在部署时对站址要求较高的难题；②更高的频谱效率：相比于集中式大规模天线，采用分布式大规模天线的天线阵时，当基站采用的天线总数为M，在基站已知完全信道状态信息条件下获得相同接收信噪比只需要1/M的发送功率，而已知部分信道状态信息的条件下只需要$1/\sqrt{M}$的发送功率；③覆盖更大：拥有的多个天线振子可以获得更大的覆盖范围，从而使用户位于小区边缘的概率减小，减小了同频干扰和切换概率。

以下从部署场景方面考虑分布式大规模天线的多种应用方式。

1. 室外部署场景

在室外部署时，分布式大规模天线的优势体现在于易于部署，可以分为两种形式：①“大”分布式，即多个天线子阵列进行集中处理，整体构成大规模天线，此种部署形式可与超密集小区相结合，通过集中资源管理，有效解决小区间干扰的问题，提高小区吞吐量。②“小”分布式，即通过模块化的天线形态，用天线子阵列的形式构成大规模天线。

2. 室内部署场景

在室内部署时，分布式大规模天线的优势主要在于更灵活的组网，考虑模块化天线形态，以下举了三个例子：①办公室举例，大规模天线子阵列部署在办公室各角落，此时可以各房间的子阵列集合单独集中处理构成大规模天线，也可以考虑跨房间的集中处理；②商场举例，商场的特殊之处在于通常有中间走廊的公共区域，两边为面积

有限的商铺或房间，此时公共区域可以部署天线子阵列；③体育场举例，可将大规模天线子阵列部署在中央显示屏的四周。

同时，对于形态灵活可变的天线，在实际部署过程中的某些特定的场景下可以展现出其特有的优势。比如可以将天线制作成文字、壁画、树枝等形状，类似美化天线的方式灵活部署在特定的场景，而且和美化天线比起来由于没有传统物理天线尺寸的硬限制，对场景会有更强的适用性，因而模块化分布式大规模天线是运营商实际部署中一个非常有应用前景的关键技术。当然也面临着巨大的挑战，主要集中在天线的物理设计和指标退化分析，数字基带信号处理补偿和校准，以及实际部署下的防风防盗等。

由于仿真中天线数量较少，天线 3 dB 半波宽度较宽，实际应用时可以通过增加天线数来降低天线半波宽度，但这不影响定性的理论分析。通过仿真结果可以看出，调相加权下的方向图相对宽度较大，而且有更多的旁瓣能量的泄漏。相对于传统天线来讲，性能有所退化是预料之中的，关键在于这种退化的影响究竟会有多大，只有通过系统全面的评估才能得到一个初步的结果，并要经过反复大量的测试来确定结论，这里只是做一个前期简单的定性评估。

如果天线能够做成模块化的形式，即会出现多种新型的天线形态设计方案，这也将解决大规模天线在时间上遇到的挑战，主要体现在天线尺寸的增加使部署变得困难。大规模天线由于天线数量会增加到 128 根以上，天线的尺寸会因此而大幅增加，这会对实际的部署带来挑战。但在特定的站址环境下，一个新形状的天线却有可能适应部署的环境，并能够方便地完成安装。然而，现在的天线并不具备这样的灵活性。定制的天线成本较高，虽然定制天线是一个解决部署大规模天线不够灵活的办法，然而定制的天线由于不具有规模效应，需要根据不同的场景进行系统设计和模具制作，成本较高，难以大规模广泛地获得应用。

通过可折叠大规模天线系统，可实现天线部署的灵活性，同时模块化设计降低了成本和回传的开销。由模块化的基本单元和旋转接口单元级联组成可折叠的天线系统；基本单元背插 RRU 成为独立的有源天线单元，通过一个具有接口连接和机械旋转功能的旋转接口模块级联组成这套系统；模块化的设计有助于降低成本。基本单元具有信号提取和处理的能力，旋转接口模块具备数据传输和角度反馈的功能，通过一条光纤复用多天线振子的数据，减少大规模天线的接线数量。

第六章 5G 背景下智慧校园系统建设

第一节 现有智慧校园建设

一、智慧校园建设现状

（一）信息化基础建设

高校的基础设施建设主要包括网络通信、云计算中心、服务器等。根据中国教育网络的相关报道，目前我国的高校基本实现了校园网络和教师多媒体信息终端的全覆盖，校园基本覆盖了 4G 网络和 WIFI5 网络，无线网络基本能够实现校园的全覆盖，基本能够满足当前校园师生的网络需求，支持信息化的教学、学生的生活与学习用网。目前的高校积极开展了云计算与智慧校园建设的探索与实践。目前的云计算中心只能用来处理少量的数据与部分管理或教务事务，尚未形成完善的云计算体系和云计算系统，来进行整体校园的数据处理功能和数据分析功能。目前智慧校园建设中的服务器能基本的满足当前的校园学习与教学需求，图书馆、教务处、学校后勤等部门基本都有完备的服务系统或服务器，然尚未形成整体完善的校园系统服务的构建。

（二）信息化平台建设

在基于智慧校园视域下，为例促进信息平台的建设，需对办公系统和教务系统进行改进，从而促进学习资源和教学资源等方面的整理，促进教务、师资等方面的信息的共建共享，促进科学成果的公开展示，促进科学研究服务信息公开，促进访问渠道及流程的简化。在智慧校园建设的初级阶段，当前大多数高校在建设的过程中，更多的是依托信息平台进行信息展示和信息共享，满足智慧校园用户的办公、教学、学习等多个方面的需求。未来的智慧校园的建设中，需要优化信息服务的平台，实现信息数据的高效整理，支持多种平台，多种设备的访问，全方位的推动智慧校园业务的开展，

满足当前智慧校园共建共享的建设需求，真正为广大的老师与学生的工作、学习与生活提供全方位的服务。

（三）信息化业务系统建设

简而言之目前各个高校的各个机构和各个管理层面之间都具有一定的管理系统，从而推动本部门的正常运行，在智慧校园的初级建设阶段，高校有许多各自的子系统，由于自身的发展提出了不同的业务需求。但是不可否认的是随着各种各样业务管理系统的增加，各种业务系统不断增加，也加重了学生和老师在进行工作和学习的负担，例如华侨大学图书馆具有图书馆的系统，旅游学院具有旅游学院的智慧社区系统。目前，大多数的高校基本实现了线上的业务处理，但是由于各种数据与数据之间并未形成有机的融和整体的系统运作，每个业务系统中有所重复，又有所不同，彼此孤立，没有进行共建共享，进而产生了信息孤岛的现象，未能形成数据中心和数据库的统一建设，对高校的发展产生了限制性的影响，需要进行数据整合和升级，打破原有的孤立与壁垒，实现数据的高效管理。

二、智慧校园建设存在的问题

通过分析总结智慧校园建设现状的研究，笔者发现目前的高校智慧校园建设虽然取得了一定的成绩，在基础建设，信息化平台建设和业务系统建设达到了基本的智能状态，但是，不可否认的是目前的智慧校园建设中依然存在着诸多的问题，难以满足当前智慧校园用户的需求。

（一）校园网络速度慢

目前高校校园内主要覆盖的是 4G 网络和 WIFI5 网络，由于校园里的人全使用手机和电脑的时间段相对密集，时间点相对集中，手机、电脑等网络通讯设备相对较多，在平时网络就会产生一定的卡顿现象，如在恶劣天气，或者是更加集中使用的情况下会产生一定的网络卡顿，甚至会出现有信号，但是没有网络的现象，这主要是由于上网速度的影响。随着智慧校园建设与发展，未来将会有越来越多的移动端系统列入网络信号中需要更高质量的网络需求，但目前的网络建设无法充分的满足校园师生的需求。

（二）校园数据孤岛现象

目前，大部分的高校都有自己进行数据收集的过程与统一的标准，但是不同的数据收集方式具有不同的标准，各个高校之间没有统一的衡量标准，因此，各个数据之间容易产生数据孤岛，难以形成共享和共同利用，例如一卡通系统和校园图书馆的管理系统，无法实现有效的联用，在进行一卡通的建设过程中，需要进行两方面的共同建设加剧了数据负担。此外，数据无法实现有效的统一身份认证，因此无法实现数据的共建共享。例如财务部门在进行财务数据处理的过程中，必须通过一系列的复杂进程，无法直接从各个平台来获取相关教职工的信息，增加了处理的难度和处理的复杂性降低了工作效率，这主要是由于数据无法实现统一的数据库处理，而无法有效地充分的展示数据而产生的后果。

（三）业务系统承载能力不足

随着全校师生的信息化素养以及信息化技术水平的不断提高教师和学生更期待从网络能够获取便利的资源，同时能够通过网络来提高教学和学习的效率，增强学习和教学的便利性和高效性。但是由于校园建设中不断增加各种业务系统，老师和学生在处理不同的信息和数据时需要通过多个系统平台来进行处理，从而导致数据的多余，使得信息资源无法实现统一高效利用同时也无法实现共建共享，也产生了大量的多余数据，使得师生在进行信息获取和信息利用中产生了数据重复结果不变等多个问题。在智慧校园的建设中，需要有统一的数据规范和数据管理，让数据能够得到统一有效的管理，形成高度的融合，使得各种流程性的作业在不同的部门下产生相互协作。由于以技术为导向的思维建设，使得校园数据管理系统在进行建设的过程中，往往重视技术重视管理而忽视了对于全校师生的服务，校园运管行过程中所产生的大量的数据，没有得到有效的应用，没有将其应用到辅助决策和优化管理中，降低数据的使用价值。

第二节　5G背景下智慧校园建设的总体规划

一、5G背景下智慧校园建设的意义

（一）实现校园网络全覆盖

针对数据库建设、云端智能管理等业务和越来越多的移动端和PC端的介入，因此，智慧校园，对于网络的高速度和宽带提出了更高的要求，利用5G技术可以实现海量的数据管理，同时还能够提供海量的终端和移动端的服务，降低延时性提高网络的速率，满足智慧校园用户对于网络的稳定可靠的需求。针对智慧校园建设中存在的网络卡顿的问题和用户对网络速度提升的需求，利用5G技术的速度快、低延时和宽带的特点，5G背景下的校园网络建设与服务，必须充分满足多种教育场景，提供多种解决方案，提高网络传输的速率，满足更多网络接入点的需求，提供可靠的网络服务和更多的生态业务系统。

将5G技术与Wi-Fi6技术相结合，可以优化当前校园网络建设，提升校园网络速度，建设校园泛在网，实现校园的真正实现校园网络建设的全覆盖，满足智慧校园用户学习与教学，以及生活的需要。

（二）实现数据辅助决策

根据智慧校园的数据库建设现状的调研，目前的高校的数据库建设存在着数据孤岛的现象，不能满足当前智慧校园用户对于同一的数据中心的需要；同时，数据建设

存在着数据冗杂，混乱的现象，数据缺乏全面的收集，系统的管理和有效的应用。升级数据中心和拓展数据库，对于智慧校园建设具有十分重要的意义，智慧校园建设中的数据库建设，在目前智能时代承担着数据研究以及数据管理的职责，需要满足时代发展的需求，跟上时代发展的步伐。而随着5G通信技术的建设，为大数据、云计算、人工智能等先进的数据处理技术提供了通信保障和数据支持。随着5G背景下，人工智能和大数据，云计算等先进技术的应用，数据中心的发展也见证了更多的。以人工智能为核心的智能时代，能够有效地利用数据，为校园辅助决策和动态化管理提供了必要的技术支持。通过数据中心的建设，能够有效地收集数据，利用数据，分析数据和应用数据，使得数据的价值得以充分的体现，将各种数据统计与处理能够有效地提高数据的管理水平，形成数据的闭环，保证全校数据流的统一，同时又能够有效地发挥数据的作用，以数据为基础来推动学校的业务建设和信息系统建设，能够为5G背景下的智慧校园建设，提供优化的信息系统和管理系统，同时还能实现多端连接、超强可靠的服务。

（三）提高师生的信息素养

高校师生的信息素养是受到信息环境影响的，而信息环境又是相对复杂的，是由教学模式，学习资源多方面组成的，对学生的认知具有重要的影响。通过5G通信技术所营造出来的智慧化的学习环境，能够有效应用智慧化的教学和学习，同时也需要用户提升自身的数据处理能力，来适应智能化、立体化的学习和教学环境。此外，随着5G技术的应用，越来越多的高校认识到了线上见血的可行性，在一系列的课程实践下，智慧校园用户的信息素养和信息水平将越来越高，新的教学模式将会不断的进行优化与创新，用户的信息实践能力也会提高。

二、5G背景下智慧校园建设的目标

（一）总体目标

5G背景下智慧校园建设的最为根本的目标是为每个学生和老师都能够提供全面的智慧化的系统性的教学，科研管理等多方面的服务，满足智慧校园用户的生活与工作的需求。通过基础的网络设施和数据库的建设，利用大数据、云计算等实现统一的用户认证和用户管理，实现数据的共建与共享，有效地提高决策效率，学习效率和工作效率，将技术与校园建设实现充分的融合和深度的结合，有效地提高目前高校的教学质量、科研水平和校园服务，全方位提升校园的决策能力建设和校园的环境治理建设。

（二）具体目标

按照国家对于5G技术的战略发展行动计划，综合应用5G技术下物联网、大数据等技术对校园管理、校园科研和行政工作以及系统应用等多个业务系统，形成新的管理体系和系统建设，有效提高管理水平和科研水平。此外，利用5G将教学科研与先进技术形成充分融合，进行全面的智慧化校园建设，进一步发挥校园的智库作用，建立统一的数据中心，有效地提高数据的利用效率以及共建共享水平。为了全面的实现智慧校园建设的总体目标，我们需要从多个方面、多个角度、多个层次来进行智慧校园的建设，从而实现多个具体目标，进而实现总体目标，发挥智慧校园建设系统的作用，有效地满足用户需求。

为了实现5G背景下智慧校园建设的总体目标，结合当前智慧校园建设的总体情况，我们将其分解成校园环境、服务水平、管理水平、决策水平、资源共享水平等多个方面的具体目标。

1. 构建智慧的校园环境

其主要是利用云计算，物联网等技术来进行全方位的教学环境建设，有效地发挥在5G技术支撑下，从老师与学生的需求出发，打造全方位的教学服务、科研服务、生活服务为一体的高校智慧化的校园环境。

2. 提升服务水平

实现统一的认证管理与统一的门户管理以及统一的用户管理，实现数据的共建共享，让学生和老师能够通过一卡通体验校园的全方位服务，尤其是信息服务，要为学生和老师提供终身的信息化和教育体系的服务，办好开放性的大学，提升大学到终身服务水平。

3. 提升管理水平

利用校园管理的多个系统平台，实现统一的业务流程化管理，优化管理办法和管理系统，为全校师生提供智慧化的系统服务，提升校园的综合性管理水平。

4. 提高决策水平

利用大数据进行决策，实现数据的收集、分析和利用，有效发挥数据辅助决策的作用，从而实现决策水平的提高。

5. 提高资源共享水平

推动线上教学建设，从而有效地发挥资源共享水平，利用有线网络和无线网络，开展智慧化的科研和学习服务。

三、基于用户价值理论确立的建设原则

用户的需求导向是用户价值理论的核心，用户需求是什么，我们就提供什么。在进行5G背景下的智慧校园建设的过程中，要充分做好用户的调研，了解用户内心最真实的需求，将个性化定制的服务在进行智慧校园建设的过程中，必须要进行用户需求的深入挖掘，从而满足广大的学生、老师以及第三方的深入需求。

通过对用户价值理论的深入研究，将用户价值理论与智慧校园建设，做深入性的融合，基于5G技术下的“智慧校园”系统建设的总体设计：“面向现代化、面向世界、面向未来，以人为本，服务师生，提高学校教育质量，优化人才培养，为广大师生提供智慧化的教育、学习环境”，确立了主观判断原则、平衡利弊原则、层次性原则这三个建设原则。

（一）主观判断原则

在用户价值理论中顾客价值是顾客对产品或服务的一种感知，也是与产品和服务相挂钩的，它基于顾客的个人主观判断。将该项原则应用在智慧校园的建设中，就是在建设的过程中尊重用户的主观感受，从用户的视角出发，评价智慧校园建设。在5G背景下的智慧校园的建设中需要基于用户的主观选择，立足于用户的真实需求，从用户的角度出发，改进用户渴望在智慧校园建设中能够获得便利的内容，利用5G技术完善网络建设，优化一卡通建设，改进数据库建设，满足用户的需求。了解用户在5G背景下的系统建设，系统管理，业务建设等方面的需求，有针对性的改进校园建设，尊重用户的价值，让用户切实感受到智慧校园便利性和智慧性。

（二）平衡利弊原则

用户在获取时往往会付出一定的代价,因此,用户可以进行得到与失去之间的权衡。将平衡利弊的原则应用在智慧校园建设中就是在建设的过程中减少用户付出的代价，例如时间成本，给用户以“物超所值”的感受，使得用户在使用的过程中能用最小的成本，获得最大的便利。因此，我们可以整合数据库建设，省去用户原本的信息搜索的时间；改进一卡通，提供统一的用户信息处理系统，方便用户充值、使用；提供统一的平台建设，省去了用户跨平台操作的麻烦，并在一个平台上就可以处理校园中的绝大多数的事务。

（三）层次性的原则

用户价值理论告诉我们必须要坚持循序渐进的原则逐渐的满足用户需求和用户目标，这就是用户价值理论的层次性。层次性的原则要求智慧校园在建设的过程中要有整体性和逻辑性，从智慧校园的建设现状出发，优化智慧校园基础性建设，建立统一的系统支撑平台，从而将5G通信技术下的系统建设应用在各项业务建设中，改进校园网络和数据库，为构建统一的系统应用平台奠定基础，整体优化智慧校园建设，营造智能化的校园环境，满足智慧校园用户的对在智慧图书馆、智慧管理系统、智慧科研系统、智慧校园服务系统等方面的需求。

四、基于系统工程理论确定的建设框架

系统工程通过对系统内的各种组成要素和子系统进行优化及升级，改进系统的组织结构，从而更好、好的实现系统的最佳运行状态，这就是系统工程理论。基于系统工程理论，我们来进行智慧校园的建设框架的确定。5G技术下的智慧校园建设目的是为了提高教学质量，为老师与学生提供方便，帮助学生成才，因此，需要对校园的各个方面进行优化。

基于智慧校园建设系统规划，有效的提高5G背景下智慧校园建设的总体效率，我们将智慧校园的内容设计分为了三个层次：基础设施建设，主要包括校园网络建设和校园数据库建设；系统支撑平台建设，主要包括统一用户平台和统一认证平台；业

务应用模块建设，主要包括智慧管理系统和智慧教学系统等方面的系统建设。

（一）基础设施建设

数据库和网络建设是智慧校园建设基础设施投资建设的重要内容，有效地实现智慧校园，物理层面的基础建设，为智慧校园建设提供基础建设和数据与网络的服务。网络平台包括校园5G技术的网络升级、网络核心层设计、网络汇聚层设计，为“智慧校园”系统提供智慧网络、计算处理能力和存储能力。数据库建设主要包括数据库的拓展和统一的云数据中心的建设，从而有效地实现数据的统一管理，通过数据收集、数据分析和数据利用来提高数据的使用价值，利用智慧校园的数据，来进行辅助决策。

（二）系统支撑平台建设

系统支撑平台主要是由统一用户平台、统一认证平台组成。高校在5G技术下的“智慧校园”系统支撑平台，能够有效地实现系统平台的运行与开发，有效地提高各自系统的运行效率。基于智慧校园物理层面的建设，能够实现校园网络的全方位普及和智慧校园数据库的智慧化服务，因此我们可以统一用户平台、统一认证平台，提高用户的管理效率，形成集成化的信息处理环境，方便系统业务的开展。通过系统平台的建设，能够为智慧校园的业务层建设提供支撑平台，并对数据进行统一整合，满足数据中心建设的数据收集和数据应用工作。

（三）业务应用平台建设

5G背景下智慧校园建设最为关键的内容就是业务应用系统的建设，能够为智慧校园建设提供全面的智慧化管理，方便全校师生的管理工作的深度开展，有效地优化智慧校园用户的生活与工作，学习，科研等全方位的服务。通过七大子系统的建设能够优化智慧校园综合系统建设，发挥智慧校园建设的作用。例如，智慧化的管理系统能够方便人事工作，财务管理工作大数据辅助决策工作，并为智慧校园中管理工作人员提供智慧化的管理服务，优化管理效率，提升管理水平，为校园管理环境的优化提供技术和系统的支持。智慧图书馆系统主要是为了提升全校师生的科研水平，发挥图书馆的智库作用，通过利用大数据，物联网等技术统计学校师生的用书和数据库需求，优化图书馆建设与服务，同时，开展线上图书馆服务，满足全校师生利用移动端展开学习的需求。通过5G技术支持下的大数据，物联网等技术来进行优化和改进。

第三节　5G背景下智慧校园建设内容

一、5G技术支持下的基础设施建设

基础设施建设主要包括两部分：骨干网络改造升级和建设数据处理中心，为智慧校园的建设提供数据和网络的基础。

（一）基于5G技术的骨干网络升级改造

目前，大多数的高校虽然都开始了智慧校园的建设。但不可否认的是高校在进行建设的过程中，仍然存在着网络不够通畅，设备老化，数据处理能力有限的多种问题，而阻碍了当前智慧校园建设与发展，针对未来 5G 背景下的先进的技术在智慧校园应用起到了限制性的影响。为了保证 5G 技术背景下，智慧校园整体系统建设的优化，必须要做好物理层的基础设施建设，缓解当前骨干网络的压力。

1. 基于 5G 技术的网络升级

5G 背景下的智慧校园建设有效的应用了扁平化的逻辑架构能够有效地降低复杂程度，保证网络的顺利通畅，同时也方便了各项业务的开展。5G 技术下的“智慧校园”系统中，要保证基础设施的完备，包括部署 5G 基站设备、安装智能化硬件设备、建设 5G 移动终端等，这是智慧校园建设的硬件基础。在开展智慧校园建设的过程中，需要利用 5G 技术的高速度、低延时性的特点，来进行不同交换设备的建设，保证每个节点都能够满足汇聚交换设备的移动端的需求，从而充分的保证系统的稳定性和网络通信的稳定性，使得智慧校园整体系统都能够在安全的网络环境下进行与开展。

2. 基于 5G 技术的核心层设计

在 5G 技术网络的建设中，需要充分注重网络核心层的建设，通过多台交换机进行核心层构建。核心层主要通过链接结构，保证该层的核心设备都能够形成简单的配置，充分的应用在各个楼宇和教学活动中通过链型结构，保证核心层的每台交换机都能够正常运行。为了保障核心层的正常开展，因此各项设备必须要具有高速率、高转发性的特点，保证校园内外业务流量的正常开展。

（二）基于大数据及云计算技术建设数据处理中心

5G 背景下的“智慧校园”系统建设以国家信息资源和各高校数据管理要求为依据，同时以高校的数据库建设的现状和智慧校园中的用户需求为导向，以高校的数据管理规范作为出发点，开展智慧校园的整体的数据管理的架构建设，有效的优化数据管理中心，通过 5G 背景下的云计算以及大数据技术，优化校园的数据资源的收集、分析与处理，充分的发挥高校的数据资源的价值，以此来实现全方位的数据服务和共建共享，满足未来的校园建设的需求。为了全方位的建设数据处理中心，我们主要从如下两个方面开展建设：扩建数据库和建设云数据中心。

1. 基于大数据技术扩建数据库

在进行数据库，扩建的过程中，必须要立足于高校的实际情况开展建设，建设符合高校实际的信息编码和专属的数据交换、数据储存等一系列的统一标准，从而方便数据中心的管理。数据中心的建设必须要满足用户的数据需求，实现共建共享的目标，必须在进行数据的收集、数据的分析、数据的处理，以及数据的应用多个环节中，了解相关的运行机制和运行规范，帮助相关部门解决具体问题，主要包括掌握信息、利用信息、分析信息，从而保障学校科研工作的开展和重大问题的决定，真正的发挥数据资源的海量、客观的优势。

为了有效建设数据平台、拓建数据中心，主要从数据平台建设，共享数据平台建设两个层面来进行数据中心平台的搭建。在进行数据平台建设的过程中，必须要保证各项业务数据源，有正规的，有效的，稳定的渠道。其中主要包括各类数据库，非关系数据库等等多个方面。在数据平台数据源中，要将各项资源进行有效的整合。保障各项业务都有稳定的数据源端口。在开展校园数据库建设，科研资源数据库建设以及其他数据库建设中形成稳定的数据流满足教学需要，管理需要，科研需要，能够将各方面的出具成果得以转化。

实现校园内数据的共建共享。及时发布校园讯息，满足学校师生的讯息需求。此外，在统一门户数据中心采集数据共享中心建设中，必须要采用完整的数据治理过程，保证数据的统一有效因为我在校园管理校园教学的各个过程，保障校园数据的共享共建，为大数据决策和大数据门户建设提供统一，稳定的数据支持。

2. 基于云计算构建统一的云数据中心

智慧校园的云数据中心建设主要是利用5G技术下的云计算的虚拟网络服务器和集中式光纤维储存形式来进行搭建。该技术可以充分挖掘设备的潜力，尽可能减少设备成本，减少服务器的数量，同时也减少了数据的冗余和备份，有效地减少了后期的容量扩充的成本，为后期智慧校园业务系统的建设与开展提供了保障和基础。再利用云计算构建统一的云数据中心的过程中，必须要遵循如下原则，方能发挥数据中心的作用：首先在云数据中心的建设过程中，必须应遵循能够迁移至虚拟化应用平台的原则，在进行部门的网络建设和系统建设的过程中，必须要合理的应用虚拟化的平台，通过一系列的软件来进行统一的规划与部署方便后期改造，同时也方便虚拟系统的实现；同时，尽可能地选择适合物理系的方式的应用，例如在教务系统中的数据库需要较高的系统要求，因此需要采用其他的方式来进行存储，同时也需要云计算的软件来进行统一的管理，因此必须要保障数据中心的安全性和部门的托管性，从而全方位的保障应用的可靠，稳定保障应用系统的全方位进行和连续性的工作。此外，在进行云数据服务平台建设的过程中，必须要采用群集的方式来进行，通过多台服务器的应用，能够保障设备构架群的建设，云管理一体化、安全等多项服务，满足业务系统的各项需求，保障业务系统的正常开展。云管理数据中心的总体架构，主要包括硬件设施，云管理平台等多方面的内容，能够有效地利用服务器、存储、网络的安全设备，开展云平台的虚拟服务，实现云平台的统一监控管理，从而有效的保障数据中心的平稳，安全可靠的运行，满足业务系在云数据中心的有效服务。

二、大数据技术下“智慧校园”支撑平台

高校在5G技术下的“智慧校园”系统支撑平台，其是实现高校应用系统开发与服务的基础。该模块将各类数据、互联网资源及各个应用系统的所产生的大数据信息沉淀通过统一的入口进行集成，通过云计算的方式进行处理，构建集成化的信息处理环境，方便了应用的开发和部署。同时，通过物联网进行各项的数据采集，了解不同的用户的对于大数据支撑平台的需求，了解他们的生活习惯，从而提供个性化的服务

平台和操作平台，提高业务处理和工作任务处理的效率，大数据技术下的智慧校园的支撑平台，主要包括统一的用户平台和统一的认证平台，从而有效地提高用户的管理效率和管理水平，减少不必要的工作内容，管理内容，为智慧校园的建设提供支持。

（一）统一用户平台

该平台主要是针对不同的用户需求而设定统一的管理平台，提供不同的服务，从而满足用户的个性化需求和分级管理的各项措施。利用5G技术的高速度的网络，将承载增强移动宽带，超高速度所成就的大流量应用，实现用户的全方位管理和需求满足。例如高校在进行全国精神文明单位的评选时，则会涉及临时办公单位的组成，但参与到该机构的部门人员与其他常规部门不同，需要具有灵活性和高效的人员搭配，为了提高部门运作的效率，增强组织的任务完成的效率和运行状态，可以利用此系统来进行数据的筛查选择出最优的人员来参与到此组织中。

同时，为了不同的业务需求和不同的部门管理需求来进行多种人员组织规划形成完善的部署规划，保障运维人员能够及时有效地开展相关的工作。根据员工所属的部门、所属的职位和所属的任务，来进行不同的管理与不同的应用。例如对于教职工更希望有完善的数据库建设和完善的教学案例，因此在该类人员的系统中更多的涉及教学方面的信息；而对于后勤管理人员来说，希望更多的简化行政审批手续和管理流程，对于此部分的用户来说，更倾向于管理系统的优化与服务。

此外，高校的人员管理具有其独特的组织架构，形成统一的规范管理，因此在进行人员管理的过程中，需要适当的进行机构的创建，撤销调整等功能，满足高校组织的复杂的管理情况，实现统一的信息管理，职务管理，自主管理等多方面的管理。

（二）统一认证平台

统一的认证平台能够有效地简化用户的运作流程，提高用户的使用效率，方便用户管理，其中主要包括系统功能建设，统一授权管理，统一接口管理等三个方面的内容，为系统之间提供统一的单点登录支撑，兼容多种认证形式。

系统功能主要是通过集约化的管理思路，来形成用户的统一管理和统一的认证方式的管理。当用户在登录的过程中，可通过组合模块的方式来进行多个平台数据的共同点共享该平台，主要是通过协议与验证的方式来进行证书资质认可等多个方面的检验，此外，平台在用户进行登录信息安全等方面同样进行了改进与优化。利用5G技术能够支持多端同时登陆，方便用户登录完善系统功能，让用户能够在登录的过程中减少不必要的麻烦。在5G技术的加持下，大数据，云计算等技术进一步的优化与发展，从而使得用户登录的过程中将会有更多的安全策略的管理和数据的统一保护，保障了用户登录的安全性和可靠性。

统一授权管理主要是让用户能够进行统一登录多方面授权，追求多种认证方式和权限管理模式平台，主要进行多方面的权限管理，基于顶层的权限管理已经完全权限管理等多个模式的管理。通过5G技术的宽基带的连接特点下，能够有效改进传统的授权管理模式单一等问题，减少系统限制，让用户的访问日志和系统管理日志进行统一的管理与规范，保障用户系统的合理规范运行。

统一的接口管理就是让系统能够实现统一的连接，从而增强跨系统的操作性，该架构主要是通过注册登记和统一响应，从而有效地方便用户在系统之间的跳转应用。在5G技术下数据库建设进一步完善，数据中心得到拓展，多数据之间的连接、利用、跳转都能够得到进一步的优化。用户可以根据自身的需求来进行不同系统、不同平台之间的跳转，同时，方便了用户之间的操作。利用云计算等软件处理技术，让用户的组织架构的相关信息、权限信息都能够结合自己的需求来得以调取，方便了用户的操作。

三、物联网技术下“智慧校园”业务应用

5G背景下的智慧校园业务应用的建设，主要是基于物联网技术，在进行数据获取的过程中，不断地进行业务系统的优化，充分的满足用户的服务需求。5G背景下的智慧校园业务应用，基于不同用户群体的用户需求，主要从七个方面展开建设与优化。

（一）智慧管理系统

5G背景下的智慧管理系统，主要包括了协同办公系统、人事管理系统、资产管理系统、财务管理系统和大数据辅助决策，这五个方面的管理系统。为了有效地提高管理的效率，优化管理质量，需要对这些应用基于用户需求和智慧校园的整体建设进行优化与升级。该系统主要面对的用户是行政管理人员，用户借助该应用系统能够有效地简化行政管理流程，降低内部损耗，提高办公效率。随着5G校园通信技术的应用，能够建设统一的管理平台，能实现不同部门之间的数据共建共享，方便信息发布，优化校园智慧管理水平。

协同办公系统主要包括文件收发、会议召开等多方内容，需要将用户移动端与客户端进行有效的整合，用户在应用的过程中，可通过该工作平台能够处理各项管理类事务。智慧校园建设是一个相对复杂的工程，需要方方面面的支持随着教育智慧化和信息化的不断开展智慧校园。为了形成统一的管理系统平台，必须要方便师生的信息获取和资源的共建共享，有效地实现综合性的服务。贯穿于学校建设的方方面面，贯穿于学生入学到毕业以后的方方面面，因此需要实行共同的数据资源的共享来提高整体的建设水平。利用5G技术的多端连接和高效的传输速率，能够实现多个功能模块的全方位处理，其中包括我的桌面个人业务，办理公文，管理等多个方面的内容，涉及了办公的各个环节和各个项目，从而实现资源的优化整合减少了办理流程，真正实现社会化的校园管理系统的建设。

对于高校而言，基本每所高校都至少有几百名教职工，同时，还包括各个工作岗位的临时工作人员，因此对于高校的人员管理来说，难度相对较大且情况相对复杂。由于教职工的年龄层跨度大、各种情况层次不一，因此也加重了高校人事管理工作的难度，但是目前大多数的高校人力资源管理的人数相对较少，因此就需要通过5G技术下的云计算，大数据等来进行资源整合和人力信息整合，有效的结合办理流程和管理顺序。通过人事系统的建设能够有效地实现人力资源信息、薪酬待遇等各个业务方

面的综合管理。在新人入职、材料上交的方面都可以通过软件端进行操作，在后台还可以通过表格的方式来进行导出，简化流程和办理顺序，减少了人工参与，提高了办理效率。

财务管理是高校管理工作的重点内容，其中主要包括教职工的工资查询和学生的各种费用。学生可以在网上进行上缴学费，同时也可以通过网络来查看自己学费上交流程，了解自己的缴费情况支持学生查询学费的流动渠道，从而减少信息不对称的情况，增强学生对于学校的信任。在5G背景下，各个系统的移动端操作和财务信息的整合，能够让每位老师都能在手机移动端查询到自己的工资明细和财务状况，了解到相关的工资福利和薪酬体系，从而激发教职工的工作积极性。

对于高校而言，固定资产是复杂的资产管理体系，如果能够实现从使用到报废的智能化流程管理不仅能够简化手续和繁杂表册，同时还能够提高管理的效率，减少成本，增强使用效率。在 5G 背景下，可以利用物联网的方式，对所有资产进行动态化的管理和智能化的监控，借助大数据系统来进行规章制度的管理，将日常使用都能够按照有关规定进行，流程办理严格按照系统来进行业务流程的审批，同时也具有完善的各个环节记录，方便日后的数据整理和查询。让相关部门的老师都能够在移动端或电脑端查询到购入资产的使用情况以及资产处置的情况，减少人力成本。

在 5G 背景下，可以实现大数据的辅助决策，利用海量数据对数据进行有效的分析与整理，对学校的管理教学、科研等多个方面都会形成系统化的展示，帮助领导及时查询，了解学校的整体建设情况，从而优化决策水平。在大数据辅助决策的子系统中，学校领导能够对学校的多个方面进行系统化的查询，通过选择关键词或者是词条类目的方式来筛选自己所需的信息，对监测的数据设置一定的警告模式，对于目前学校的发展状况，可以通过海量的数据挖掘、筛选，来得到教学、科研等系统的趋势，从多个维度和角度来进行分析，最后利用各个方面各个环节所得到的数据进行综合性的比较考量，最终实现辅助决策的目的。

（二）智慧教学系统

智慧化的教学系统，主要涵盖了招生计划，教学计划，教学资源和授课管理等多个方面。在 5G 背景下的教学系统老师将会与学生产生更多的沟通，减少老师与学生之间的距离。在本系统中，老师可以通过线上的教学资源，优化自己的课程设计和课程教学内容，在课后老师与学生共处于本课程的软件系统中，能够自动地对学生的到课情况加以检测，同时也可以根据学生的课下评论留言，老师来进行课程设计的优化。本系统还支持线上教学，在特殊情况下，老师与学生如果不能共同到教室里学习可以通过线上教学的方式来进行，在专门的系统中开展课程教学，上传本课程可能用到的资料，通过线上互动的方式来提高学生的学习效率。在 5G 背景下招生计划可以根据招生情况、就业情况和其他方面的数据来做综合的考量和制定，增强招生计划的合理性和科学性为学生的成材，提供科学合理的规划。在授课管理中，老师和学生可以共同的利用学校的智慧化网络资源来进行授课的合理安排，在 5G 背景下教学课程资源能够进一步的紧跟时代背景。根据目前所需的教育目标来进行进一步的课程内容的设计与优化增强教学效率，确保学生可以更加符合时代所需。

（三）智慧学生服务系统

学生服务系统主要是通过学生需求调研来进行服务系统的优化与设计，让学生能够在一个系统满足学生的学习需求和教师管理的需求，拉近学生与老师之间的距离，满足学生的科研学习等方面的需要，学生服务系统主要包括辅导员信息，班级通讯录，学生学习检查等多个方面的内容。

（四）智慧科研服务系统

5G背景下的智慧科研服务系统是5G智慧校园建设的重要内容，同时也是检验学校科研水平的重要依据。智慧科研服务系统会涉及课题申报、项目跟进、成果汇总等多方面的内容，具有大量烦琐的信息收集整理的工作。为有效地提高效率，保证质量可以将大量线下的纸质内容的流程交接，转移到线上的平台系统的交接，增强了办理效率。例如对于课题申报传统的方式是下发纸质文件，又逐级收集上交的方式。在5G背景下，可以通过线上网络平台的发布，直接线上填报申请，减少了人员参与，提高了处理效率。

在科研信息的发布，方便可以通过通告，公布科研动态等方式来进行展示，由每个学院进行信息的改变提交信息后，逐步地进入到决策者手中，最终决定是否发布。

在5G技术的支持下，大数据能够有效地帮助数据中心处理科研系统所产生的各项数据，例如科学项目的申报，评选的管理，成果模块的管理，形成动态，全面的数据紧跟。在成果模块中可以通过成果名称，成果作者成果开始年份和结束年份多种方式来进行检索，支持用户在手机端学校的网站或者是校园的App上，进行查找和搜索方便学校师生的信息搜寻工作和信息管理工作。在开展类似于论文产品等方面的工作时，可以通过线上的方式来进行学生，通过电子投递的方式展开成果评论工作，同时，利用大数据的方式让具有相同或者相近的成果研究的学生能够得到联系，形成互帮互助地成果研究体系，进而激发学生的研究热情。

（五）智慧校园服务系统

5G背景下的智慧校园服务系统，涉及一卡通，图书馆借阅，住宿管理等方方面面的内容，尽可能减少学生和老师在生活中的不便，优化校园管理和校园服务，让学生与老师在日常的生活与工作中，切实的感受在5G背景下校园服务所带来的改善和优化。

首先是服务门户的系统建设，该系统建设涉及多个方面应用系统，让老师和学生可以借助同意的用户平台一次登录就可以带其他的应用和端口进行自由的这些话，其中主要包括个人代办模块智慧校园软件平台消息系统，谋划日程安排等多个模块，同时还具有信息推送的一站式服务。

目前，高校的一卡通虽然得到了有效的应用和使用。但是一卡通之间的数据却没有得到有效的置换。例如在校园之外的乘车、缴费等方面，不能够实行游泳，可以进一步优化一卡通，让学生可以利用一卡通来进行乘坐公交等方面的应用。此外，学生

在进行动态消费的过程中所产生的数据，也是具有十分重要的，可以作为贫困生的情况鉴定的重要依据。一卡通还可以与学生的考勤系统和到课情况进行连接，让学生可以通过刷卡的方式来进行考勤打卡。一卡通还可以形成电子卡包的方式，让学生可以与手机进行绑定了解自己一卡通的消费情况和使用情况，在5G技术下，可以利用手机来代替一卡通进行刷卡，减少一卡通可能产生的丢失的问题。

部分智慧化建设程度高的学校，可以逐渐进行人脸识别代替一卡通的部分功能，例如进出校园、教室、宿舍、图书馆进行人脸识别便于进行学生出入管理、同时进行出入安全管理和数据统计，用于学生的考勤管理和学校的智慧化建设；此外人脸识别还可以用于商店、食堂等刷脸支付的场所，便于统计学生的消费情况，针对后勤餐饮和商务活动的数据加以统计，及时了解学生的消费情况，为学校的贫困补助的发放、奖学金的评比提供数据依据。

（六）智慧信息交互系统

5G背景下的智慧信息交互系统，主要包括门户网站建设、短信与微信平台建设以及移动端的软件建设等多个方面。可以根据用户的使用情况和使用习惯进行不同程度的优化，尽可能地将校园信息全方位地展示给用户增强用户对于校园信息的了解，同时还与用户形成良好的沟通与反馈，根据用户的使用数据和根据用户需求来进行交互系统的优化升级。

校园网站是校园风采展示的重要内容，同时也是对外展示的重要平台，因此在建设的过程中，必须要树立坚定的建设目标，首先需要保持严谨、规范的建设作风，展示出时代的风采和学校的风采，此外，还需要突出高校特色符合主流趋势，成为展示高校形象的窗口。在具体建设的过程中，需根据用户的信息需求来设置不同的信息服务，要充分的支持用户的多端链接和多端进入实现用户信息的统一管理、数据共享，在用户登录以后，根据权限提供不同的内容展示，让用户可以进行自己需要的操作。网站在进行系统编排发布的过程中，必须要支持审核和关键词过滤，从而在海量的资源中找到自己有效的信息，同时，针对于文档内容、教材等多方面的文件进行一定的梳理和编目，让用户能够在最短的时间里找到自己所需的内容信息。

在进行校园屏幕信息发布的过程中，必须要筛选时效性较强的信息，同时，在信息筛选的过程中必须要符合主旋律，如特重大事件消费品价格等这些信息是否能够快速准确地传递给用户对于学校的正常秩序具有重要的影响。

智慧校园移动端的建设主要分为学生移动端，校园和老师移动端。校园移动端建设，在未来5G技术下将会是智慧校园线上服务的重要的内容，老师与学生在移动端能够进行大范围的管理工作的开展，例如线上打卡，信息收集等。老师的移动端软件，主要包括一周的课表查询、个人资料维护、校园通知的公告等内容，学生的校园移动端，主要包括信息提醒、请假、课表查询等一系列的内容。

（七）智慧图书馆服务系统

智慧图书馆是智慧校园建设中的重要内容，在5G信息技术建设的背景下，智慧图书馆主要是通过大数据、云计算等先进的科学技术，优化图书馆建设，打破传统的时空界限，提供满足用户需求的个性化的信息服务。智慧图书馆承担着数据处理任务、智库服务任务、科研保障任务、学科建设等任务，在5G背景下为充分的发挥智慧图书馆的各项作用，保障图书馆各项功能的进一步发挥，进行了如下的图书馆体系建设。

利用门禁系统进行数据收集，了解到每月每年甚至每日的进入图书馆的人数总量以及停留时间和变化趋势。这样我们可以为图书馆的决策部门提供数据支持，根据这些数据来进行人员、物资等方面的调配和合理管理，避免出现管理不到位和管理冗余的情况，有效地提高图书馆的服务质量和服务效率。同时，还可以借助其他方面的业务系统平台，来进行数据的收集整理与分析，对数据进行统一的应用和展示了解用户的需求和图书馆的访问量，从而制定出更加符合用户需求的图书馆发展规划。

根据用户需求，以互联网为基础对图书的空间范围进行系统的建设与优化，满足学生的需求，让学生能够在图书馆具有更好的学习体验。在学生的学习共享体验区，为了方便学生能够进行更好的自我展示和沟通交流与学习，可以设计，带有LED灯，电源，插座等基础设施的个性化砖一样，同时还需要提供一定的Wi-Fi网络，方便学生的使用和线上学习，同时还需要给学生更加广阔的学习讨论空间满足学生的读书，沙龙或者小组讨论的活动。在经典的阅读区域可以通过进行数字化成果的展示，将优质的图书和优质的期刊等内容进行动态化的推荐，让学生了解到图书馆的数字资源。增强图书馆，是指资源的使用效率和或许让广大的读者能够在最短的时间里找到自己所需的数据资源，此外还需要在该区域进行触摸阅读数字阅读等一系列移动终端和阅读器的改建，方便学生的学习在大学生创业板块中可以提供投影仪白板等设备，让学生能够进行小规模的线下会议。在学科服务体验平台，可以让学生感受到虚拟化的学科服务，了解到更多的学科知识，满足学生的学科需求，更好地帮助学生对于专业知识的学习。

为更好地优化5G背景下智慧校园下的智慧图书馆的服务，满足每位图书馆用户的内在需求，主要可以从以下几个方面进行图书馆系统的优化与升级：可以利用网络直播的方式，来进行图书馆资源的推广与宣传。可以通过微信号的方式来进行图书馆直播的订阅，让用户能够打破图书馆资源利用的时空限制。在学科服务方面，仍然以学生需求为主体，以学校学科建设为出发点，满足学生对于自身专业的图书需求。在大数据技术的支持下能够通过学科建设和学生借阅数量，以及学生的学习情况和人才需求来进行图书馆馆藏的优化，真正服务于学生最有价值的信息。在提升用户的信息素养方面，必须要将大数据技术与图书馆馆藏建设有机结合，增强图书馆的数据体系和数据的完善性，以数据的视角来看待图书馆的发展，不断提升用户的信息素养。在后台的数据利用收集，整合的过程中充分挖掘用户的信息使用偏好，图书馆资源使用偏好以及数据库的使用情况，从而有效的改进图书馆馆藏规划和数据库建设规划，帮助图书馆利用效率得以提升，同时根据大数据所反馈出的结果，能够有效进行图书馆建设的调整，真正的匹配用户的信息素养。此外，在读书月或读书日，对于图书馆的信息技术的利用方式，通过宣传的方式来提高学生与老师的信息素养，帮助全校师生能够利用图书馆资源。

第七章 新一代移动通信的关键技术

第一节 绿色通信技术

一、绿色通信概述

在节能减排的背景下，新一代的通信理念——“绿色通信”的概念诞生了。无线通信由于其便捷性和有效性而得到广泛的使用，因此成为目前各种通信中的主要方式，绿色无线通信更是成为人们关注的焦点。与传统无线通信中不管能耗增加以及气候问题而一味追求更高、更快的数据传输能力不同，绿色无线通信不仅要提高数据传输率，还需要解决降低能耗和保护环境两个方面共有的问题，其具体体现主要包括设备制造商研发低能耗、低辐射的绿色产品以及制订绿色解决方案，通信运营企业建设绿色通信网络，降低网络建设及维护成本等。另外，随着5G全球化时代的到来，当前国内的通信企业纷纷把绿色通信作为5G时代通信技术应用的指向。

绿色通信的目标是在降低ICT产业的运营成本、减少碳排放量的基础上，进一步提高用户服务质量（Quality of Service，QoS），优化系统的容量。换句话讲，绿色通信不同于传统的无线通信中按照用户流量峰值分配所需能耗的方式，而是从用户的流量需求出发，根据用户的流量变化来动态调整其所需的能耗，尽可能降低能耗中没有必要的浪费，从而达到提高通信系统能效的目的。

随着对蜂窝网络能耗研究的深入，研究人员发现蜂窝网络中大部分的能耗消耗在基站（高达80%），如何降低基站的能耗（“绿色基站”）成为研究的集中点。目前基站节能的措施主要分为以下两方面：一是提高基站无线信号发射效率，这主要致力于物理层的局部部件改进，如采用先进的射频技术、线性功放以及高功效的信号处理方法；二是在网络层对基站以及蜂窝网络进行有效的全局规划、设计和管理，比如优化基站的覆盖范围以及布设位置，关闭闲置基站（或者基站休眠模式）等来达到节能；此外还有采用新能源以及新型冷却技术。然而流量的变化特性，是从网络层研究基站节能的前提。由于实际蜂窝网络中流量随时间和空间呈现不均匀分布，而传统的基站资源分配多基于流量峰值水平，从而导致各个小区能效的异质性。正是这种异质性提供了节能的空间。

二、5G绿色通信网络的挑战

目前的蜂窝网络结构已经无法经济而生态的满足日益增长的大数据流量要求。探索新的5G无线网络技术来达到未来吉比特的无线吞吐量要求势在必行。而Massive MIMO和毫米波技术的运用无疑会使小区覆盖面积显著减少。因此，small cell网络成为5G网络的新兴技术。然而，随着基站的密集部署，小区面积减小，如何用高能效的方式转发相关的回程流量成为不容忽视的挑战。解决这个问题，需要从系统和结构的层面来思考如何在保证用户服务质量（QoS）的情况下提供数据服务。

（一）5G集中式回程网络

如图7-1所示，宏基站位于Macrocell的中心，假设small cell基站均匀分布在Macrocell内，所有的small cell基站有相同的覆盖面积并配置相同的传输功率。small cell的回程流量通过毫米波方式传输，然后在Macrocell基站聚合并通过光纤链路回传到核心网络。在回传过程中，涉及两个逻辑接口，S1和X2接口。S1接口反馈宏基站网关的用户数据，X2接口是主要用于小区基站间的信息交换。

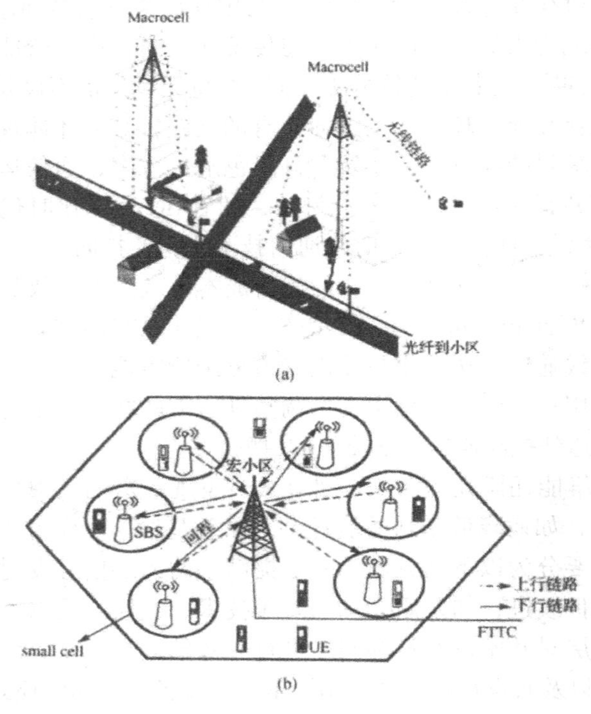

图7-1 集中式方案

（a）集中式场景；（b）集中式场景逻辑结构

（二）5G回程网络能效

1. 回程网络流量模型

5G 网络回程流量由不同部分组成，用户平面数据占总流量的绝大部分。还包括传输协议冗余和进行切换时转发到其他基站的流量，以及网络信令、管理和同步信息，这些占回程流量的小部分，通常可以忽略。

基于两种场景（图 7-2），所有的回程流量聚合到 Macrocell 者特定的 small cell。考虑到 small cell 与 Macrocell 或者 small cell 与特定 small cell 基站之间的回程链路，设定用户数据流量只与每个小区的带宽和平均频谱效率相关。不失一般性，假设所有的 small cell 有相同的带宽和平均频谱效率。在该情况下，small cell 的回程吞吐量即为带宽与平均频谱效率的乘积。

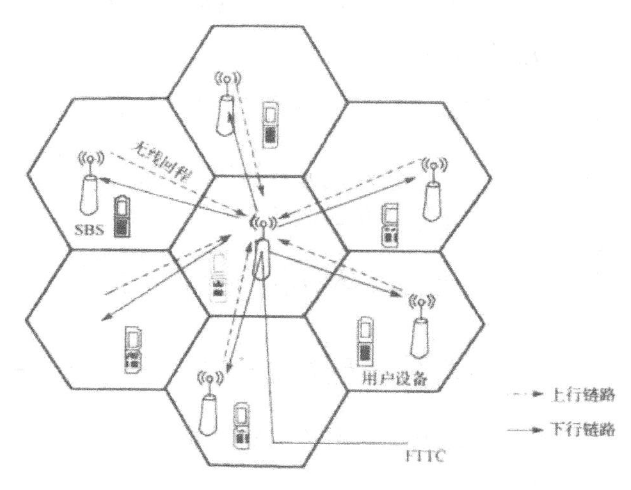

图 7-2　分布式方案

（a）分布式场景；（b）分布式场景逻辑结构

（1）集中式回程流量模型

集中式回程场景中的回程流量包括上行流量以及下行流量。其中一个 small cell 上行吞吐量为 $TH_{small-up}^{centra}=0.04\cdot B_{sc}^{centra}S_{sc}^{centra}$，$B_{sc}^{centra}$ 为 small cell 带宽，S_{sc}^{centra} 为 small cell 小区的平均频谱效率。一个 small cell 下行链路的吞吐量通过 S1 接口传输可以表示为 $TH_{small-down}^{centra}=(1+0.1+0.04)\cdot B_{sc}^{centra}S_{sc}^{centra}$。同样，一个 Macrocell 小区的上行链路吞吐量 $TH_{macro-up}^{centra}=0.04\cdot B_{mc}^{centra}S_{mc}^{centra}$，$B_{mc}^{centra}$ 为 Macrocell 带宽，S_{mc}^{centra} 为一个 Macrocell 小区的平均频谱效率。其下行吞吐量也是通过 S1 接口传输 $TH_{macro-down}^{centra}=(1+0.1+0.04)\cdot B_{mc}^{centra}S_{mc}^{centra}$。设定每个 small cell 小区的回程流量是平衡的，每个 Macrocell 内包含 N 个 small cell。因此，对于集中式回程，总的上行链路吞吐量为 $TH_{sum-up}^{centra}=N\cdot TH_{small-up}^{centra}+TH_{macro-up}^{centra}$，总的下行链路吞吐量为 $TH_{sum-down}^{centra}=N\cdot TH_{small-down}^{centra}+TH_{macro}^{centra}$。最后，总回程吞吐量为上行加上下行，可计算为 $TH_{sum}^{centra}=TH_{sum-up}^{centra}+TH_{sum-down}^{centra}$。

（2）分布式回程流量模型

在分布式回程方案中，邻近 small cell 协作转发回程流量到特定的 small cell 基站。因此，协作基站间不仅仅交换信道状态信息还需要共享用户数据信息。不失一般性，邻近的协作小区形成一个协作簇，簇里 small cell 的个数为 K。不包括特定小区时，协作簇的频谱效率为 $S_{\text{mc}}^{\text{Comp}}=(K-1)S_{\text{mc}}^{\text{dist}}$，$S_{\text{mc}}^{\text{dist}}$ 为协作簇内一个 small cell 的频谱效率，考虑到协作冗余，一个协作 small cell 的上行链路回程吞吐量为 $\text{TH}_{\text{small-up}}^{\text{dist}}=1.14\cdot B_{\text{sc}}^{\text{dist}}S_{\text{sc}}^{\text{dist}}$，$B_{\text{sc}}^{\text{dist}}$ 为 sman cell 的带宽。其下行回程吞吐量为 $\text{TH}_{\text{small-down}}^{\text{dist}}=1.14\cdot B_{\text{sc}}^{\text{dist}}\left(S_{\text{sc}}^{\text{dist}}+S_{\text{mc}}^{\text{Comp}}\right)$。因此，分布式回程方案中，协作簇的回程吞吐量为 $\text{TH}_{\text{sum}}^{\text{dist}}=K\cdot\left(\text{TH}_{\text{small-up}}^{\text{dist}}+\text{TH}_{\text{small-down}}^{\text{dist}}\right)$。

2. 回程网络能效建模

对于集中式回程场景，一个 Macrocell 内部署 N 个 small cell，因此，系统能耗为

$$
\begin{aligned}
E_{\text{system}}^{\text{centra}} &= E_{\text{EM}}^{\text{macro}}+E_{\text{OP}}^{\text{macro}}+N\left(E_{\text{EM}}^{\text{small}}+E_{\text{OP}}^{\text{small}}\right)\\
&= E_{\text{EMinit}}^{\text{macro}}+E_{\text{EMmaint}}^{\text{macro}}+P_{\text{OP}}^{\text{macro}}\cdot T_{\text{lifetime}}^{\text{macro}}n\\
&\quad +N\left(E_{\text{EMinit}}^{\text{small}}+E_{\text{EMmaint}}^{\text{small}}+P_{\text{OP}}^{\text{small}}\cdot T_{\text{lifetime}}^{\text{small}}\right)
\end{aligned}
$$

考虑到无线回程吞吐量，集中式回程方案的能效为 $\eta_{\text{centra}}=\dfrac{\text{TH}_{\text{sum}}^{\text{centra}}}{E_{\text{system}}^{\text{centra}}}$。

对于分布式回程场景，一个协作簇包含 K 个 small cell 基站，系统能耗为

$$
E_{\text{system}}^{\text{dist}}=K\left(E_{\text{EM}}^{\text{small}}+E_{\text{OP}}^{\text{small}}\right)
$$

$$
=K\left(E_{\text{EMinit}}^{\text{small}}+E_{\text{EMmaint}}^{\text{small}}+P_{\text{OP}}^{\text{small}}\cdot T_{\text{lifetime}}^{\text{small}}\right)
$$

考虑到无线回程吞吐量，集中式回程方案的能效为 $\eta_{\text{dist}}=\dfrac{\text{TH}_{\text{sum}}^{\text{dist}}}{E_{\text{system}}^{\text{dist}}}$。

3. 回程网络能效分析

为了分析两种回程方案的能效，一些默认参数选择如下：

small cell 的半径为 50m，Macrocell 的半径为 500m，Macrocell 和 small cell 的带宽均为 100Mbps，Macrocell 的平均频谱效率是 5bit/s/Hz，对于城市环境路径损耗因子指数 β 是 3.2。在 Macrocell 中，宏基站的运行功耗参数为 a=21.45, b=354.44，而 small cell 的运行功耗参数为 a=7.84, b=71.5。small cell 的生命周期为 5 年。而其他参数如表 7-1 所示。

表 7-1　无线回程网络参数表

无线回程频率	5.8GHz	28GHz	60GHz
a_{macro}	21.45	21.45	21.45
b_{macro}	354.44W	354.44W	354.44W
$P_{\text{TX}}^{\text{macro}}$（覆盖半径为 500m）	4.35W	101.42W	465.74W
$P_{\text{OP}}^{\text{mucre}}$（覆盖半径为 500m）	447.80W	2529.99 W	10344.66 W

（续表）

无线回程频率	5.8GHz	28GHz	60GHz
$E_{\text{EMinit}}^{\text{macro}}$	75GJ	75GJ	75GJ
$E_{\text{EMmaint}}^{\text{macto}}$	10GJ	10GJ	10GJ
$T_{\text{liferime}}^{\text{pano}}$	lOyears	lOyears	lOyears
a_{small}	7.84	7.84	7.84
b_{small}	71.5W	71.5W	71.5W
$P_{\text{TX}}^{\text{small}}$ （覆盖半径为 50m）	2.75mW	63.99mW	293.86mW
P_{OP}^{small} （覆盖半径为 50m）	71.52W	72.00W	73.80W
$E_{\text{EMinit}}^{\text{small}}+E_{\text{EMmaint}}^{\text{smal}}$ （占总能耗比例）	20%.	20%	20%
$T_{\text{lifetime}}^{\text{small}}$	5years	5years	5years

图 7-3 反映了无线回程的吞吐量在考虑不同频效时随 small cell 基站数目变化的规律。

图 7-3(a)中可以看到在集中式场景中，回程吞吐量则是随小区数目呈线性增长的。而在分布式场景中，如图 7-3（b）所示，回程吞吐量随着 small cell 数目的增加呈指数性增长。指数性增长的特性是由于在分布式回程方案中，small cell 基站之间共享用户数据。当小区数一定时，回程吞吐量随着频效的增加而增加。

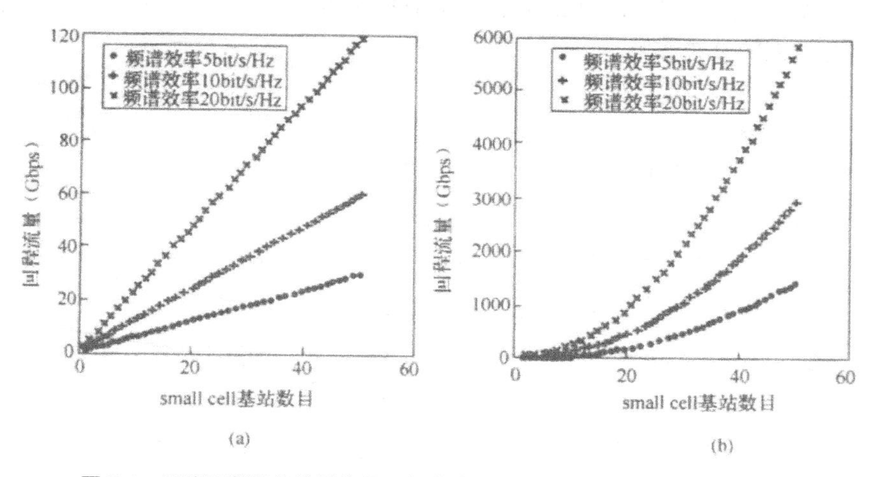

图 7-3　无线回程网络流量在不同频谱效率与 small cell 基站数目的关系
（a）集中式场景；（b）分布式场景

图 7-4 给出了两种场景下无线回程网络能效考虑不同传输频带时随小区数目变化的关系。从图中可以看出，图 7-4（a）集中式回程场景中，回程能效随着小区数目的增加呈对数性增长。图 7-4（b）分布式回程场景中，回程能效随着 small cell 数目的

增加呈线性增长。当 small cell 数目一定时，回程能效随着频带增加而降低。且在集中式回程中，对于 5.8GHz、2.8GHz、60GHz 不同频带之间能效也存在较大差异。

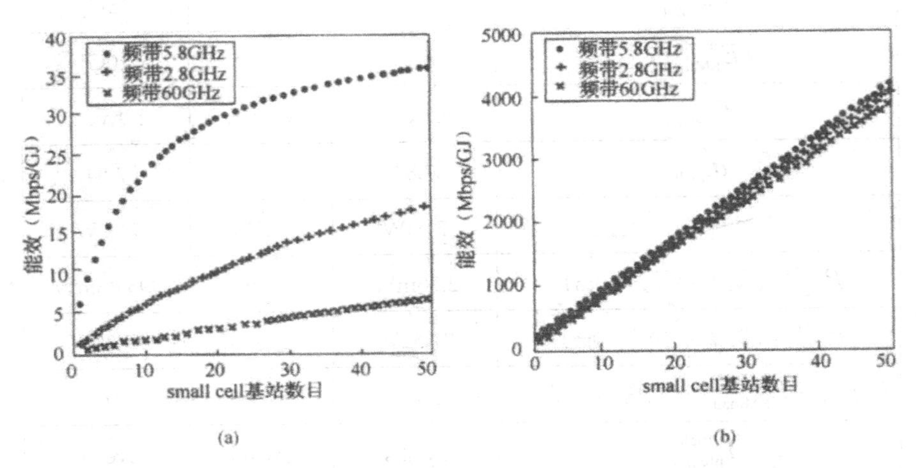

图 7-4　无线回程网络能效在不同传输频带下与 small cell 基站数目的关系
（a）集中式场景；（b）分布式场景

图 7-5 给出了回程能效在不同路径损耗因子下与 small cell 半径之间的关系。可以看出，当 small cell 的半径小于或等于 50m 时，无线回程能效随着路径损耗因子增大而提升，而当半径大于 50m 时，无线回程能效随着路径损耗因子增大而降低。基于香农理论，当 small cell 半径小于或等于 50m 时，路径损耗因子的增大会对无线容量有很小衰减影响。相反，在 small cell 半径大于 50m 时，增大路径损耗因子，对于无线容量将会有很大的衰减影响。

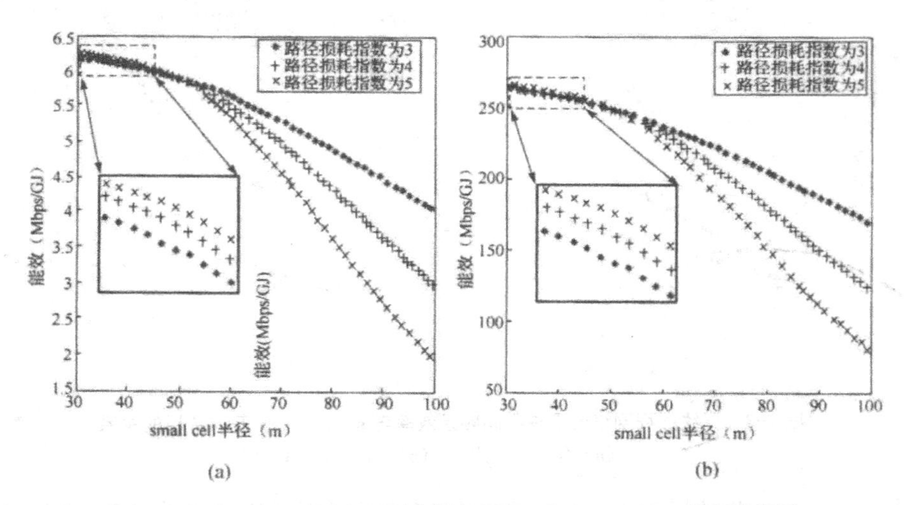

图 7-5　无线回程能效在不同路径损耗因子下与 small cell 半径的关系
（a）集中式场景；（b）分布式场景

4. 未来的挑战

由 massive MIMO 和毫米波通信技术在 5G 移动通信系统中的应用，5G 网络中小区覆盖范围越来越小。而随着小区部署致密化，满足用户容量需求的同时，也给回程网络和流量带来了一系列挑战。首先就是对于致密部署的场景如何设计一个新的回程网络结构和协议。小区的致密部署产生大量的回程流量，不仅带来网络拥塞也可能使回程网络崩溃。分布式网络控制模型将是一种可能的解决方案，然而，随之而来的问题是，现存的网络协议是否支持分布式无线链路的大量回程流量。

对于高速用户，如何克服由于小区致密化带来的频繁切换是一个问题。小区协作貌似是个不错的选择。但是对于如何组织动态协作小区组，及由于协作小区基站之间的数据共享带来的冗余也有待研究。

即使大量的无线回程可以在满足特定 QoS 的前提下回传到核心网络，如何高能效地实现也是需要考虑的。一些文献指出致密部署低功率基站可以减少能耗，然而，通过分析得出，不同结构的回程网络有不同的能效模型。如在集中式场景中，当小区部署密度达到一定阈值时，回程网络能效趋向饱和。一些可能的解决方案就是光纤和无线混合回程。以及 small cell 基站关断模式，small cell 基站自适应功率控制等都是一些节省能耗的可行方案。

第二节　云计算技术

一、云计算体系架构

云计算参考架构云计算中包含了五类重要的用户角色：云用户、云提供商、云载体、云审计和云代理，其中每个角色都是一个实体，既可以是个人也可以是机构，参与云计算的事务处理或任务执行。不同的用户在云计算中扮演不同的角色，其是云计算的主体和推动力量。

（一）云用户

云用户为云服务的使用者，它们与云提供商保持业务联系，使用云提供商提供的各种云服务，可以是个人也可以是机构，如政府、教育机构或企业客户等，它们租用而不是购买云服务提供商提供的各种服务，并为之付费。

云用户是云服务的最终消费者，也是云服务的主要受益者。云服务为云用户提供的服务：浏览云提供商的服务目录；请求适当的服务；云提供商建立服务合同；使用服务。

在云计算中，云用户和云服务提供商按照约定的服务等级协议进行通信。这里，服务等级协议（Service Level Agreement，SLA）是指在一定开销下为保障服务的性能和可靠性，服务提供商与用户间定义的一种双方认可的协议。云用户使用 SLA 来描述自己所需的云服务的各种技术性能需求，如服务质量、安全、性能失效的补救措施等，云提供商使用SLA来提出一些云用户必须遵守的限制或义务等。

云用户可以根据价格及提供的服务自由地选择云提供商。服务需求不同，云用户的活动和使用场景就不同。

因云计算环境提供三大类服务，即软件即服务（Software as a Service，SaaS）、平台即服务（Platform as a Service，PaaS）和基础设施即服务（Instruction as a Service，IaaS）。相应地，根据用户使用的服务类型，可以将云用户分为三类，即SaaS用户、PaaS用户和IaaS用户。

1. 软件即服务SaaS

SaaS用户通过网络使用云提供商提供的SaaS应用，它们可以是直接使用软件的终端用户，可以是向其内部成员提供软件应用访问的机构，也可以是软件的管理者，为终端用户配置应用。SaaS提供商按一定的标准进行计费，且计费方式多样，如可以按照终端用户的个数计费，可以按用户使用软件的时间计费，可以按用户实际消耗的网络带宽计费，也可以按用户存储的数据量或者存储数据的时间计费。

2. 平台即服务PaaS

PaaS用户可以使用云服务提供商提供的工具和可执行资源部署、测试、开发和管理托管在云环境中的应用。PaaS用户可以是设计和开发各种软件的应用开发者，可以是运行和测试基于云环境的应用测试者，还可以是在云环境中发布应用的部署者，也可以是在云平台中配置、监控应用性能的管理者。PaaS提供商按照不同的形式进行计费，如根据PaaS应用的计算量、数据存储所占用的空间、网络资源消耗大小以及平台的使用时间来计费等。

3. 基础设施即服务IaaS

IaaS用户可以直接访问虚拟计算机，通过网络访问存储资源、网络基础设施及其他底层计算资源，并在这些资源上部署和运行任意软件。IaaS用户可以是系统开发者，系统管理员，以及负责创建、安装、管理和监控IT基础设施运营的IT管理人员。IaaS用户具有访问这些计算资源的能力，IaaS提供商根据其使用的各种计算资源的数量及时间来进行计费，如虚拟计算机的CPU小时数、存储空间的大小、消耗的网络带宽、使用的IP地址个数等。

（二）云提供商

云服务的提供者，负责提供其他机构或个人感兴趣的服务，可以是个人、机构或者其他实体。云提供商获取和管理提供云服务需要的各种基础设施，运行提供云服务需要的云软件，并为云用户交付云服务。云提供者的主要活动包括以下五个方面：服务的部署、服务的组织、云服务的管理、安全和隐私。

1.SaaS环境云提供商

在云基础设施上部署、配置、维护和更新各种软件应用，确保能按照约定的服务级别为云用户提供云服务。SaaS提供商承担维护、控制应用和基础设施的大部分责任，SaaS用户不需要安装任何软件，它们对软件拥有有限的管理控制权限。

2.PaaS 环境云服务提供商

负责管理平台的基础设施，运行平台的云软件，例如运行软件执行堆栈、数据库及其他的中间件组件等。PaaS 提供商通常也为 PaaS 用户提供集成开发环境（IDE），软件开发工具包（SDK），管理工具的开发、部署和管理等。PaaS 用户具有控制应用程序的权限，也可能具有对托管环境进行各种设置的权限，但无权或者受限访问平台之下的底层基础设施，如网络、服务、操作系统和存储等。

3.IaaS 环境提供商

IaaS 提供商需要位于服务之下的各种物理计算资源，包括服务器、网络、存储和托管基础设施等。IaaS 提供商通过运行云软件使 IaaS 用户能通过服务接口、计算资源抽象如虚拟机、虚拟网络接口等访问 IaaS 服务。反过来，IaaS 用户使用这些计算资源如虚拟计算机来满足自己的基础计算需求。和 SaaS，PaaS 用户相比，IaaS 用户能够从更底层上访问更多的计算资源，因此对应用堆栈中的软件组件具有更多的控制权，包括操作系统和网络。另外，云 IaaS 提供商，具有对物理硬件和云软件的控制权，使其能配置这些基础服务，例如物理服务器、网络设备、存储设备、主机操作系统和虚拟机管理程序等。

（三）云载体

云载体作为中介机构负责提供云用户与云提供商之间云服务的连接和传输，负责将云提供商的云服务连接和传输到云用户。云载体为云用户提供通过网络、电信和其他设备访问云服务的能力，如云用户可以通过网络设备如计算机、笔记本、移动电话、移动网络设备等访问云服务。

云服务一般是通过网络、电信或者传输代理来提供的，这里传输代理指的是提供高容量硬盘等物理传输介质的商业组织。为了确保能够按照与用户协商的服务等级协议（SLA）为用户提供高质量的云服务，云提供商将和云载体建立相应的服务等级协议，如在必要的时候要求云载体为云提供商和云用户之间建立专用的、安全的连接服务。

（四）云审计

云环境中的审计是指通过审查客观证据验证服务是否符合标准。云审计者是可独立评估云服务，信息系统操作、性能和安全的机构，能从安全控制、隐私及性能等多个方面对云服务提供商提供的云服务进行评估。

例如，云审计负责对云服务提供商提供的云服务的实现和安全进行独立的评估，因此云审计需要同时与云提供者和云消费者展开交互。

（五）云代理

云环境中的代理机构，负责管理云服务的使用、性能和分发的实体，也负责在云提供者和云用户之间进行协商。此时，云用户不再需要直接向云提供商请求服务，而可以向云代理请求服务。

云代理提供的云服务包括服务中介、集成、增值三类。

云代理通过改善云服务的一些特定能力或者以为云用户提供增值服务的形式提升云服务，如改善云服务的访问方式、身份管理方式、绩效报告、增强的安全性等，即为服务中介。

云代理根据用户需求，将多个云服务组合或者集成为一个或多个新的云服务。为了确保云用户的数据能够安全地在多个云提供商之间移动，云代理会提供相应的数据集成功能，该服务为服务集成。

类似于服务集成，只是在服务增值过程中，服务的集成方式不是固定的。服务增值意味着一个云代理能够灵活地从多个云代理机构或者云提供商处选择各种不同的云服务，即服务增值。

二、虚拟化

虚拟化是云计算的关键技术，云计算的应用必定要用到虚拟化的技术。虚拟化是实现动态的基础，只有在虚拟化的环境中，云才能实现动态。

虚拟化技术实现了物理资源的逻辑抽象和统一表示。通过虚拟化技术可以提高资源的利用率，并能够根据用户业务需求的变化，快速、灵活地进行资源部署。

（一）虚拟化的分类

虚拟化技术已经成为一个庞大的技术家族，其形式多种多样，实现的应用也已形成体系。但对其分类，从不同的角度有不同分类方法。图 7-6 给出了虚拟化的分类。

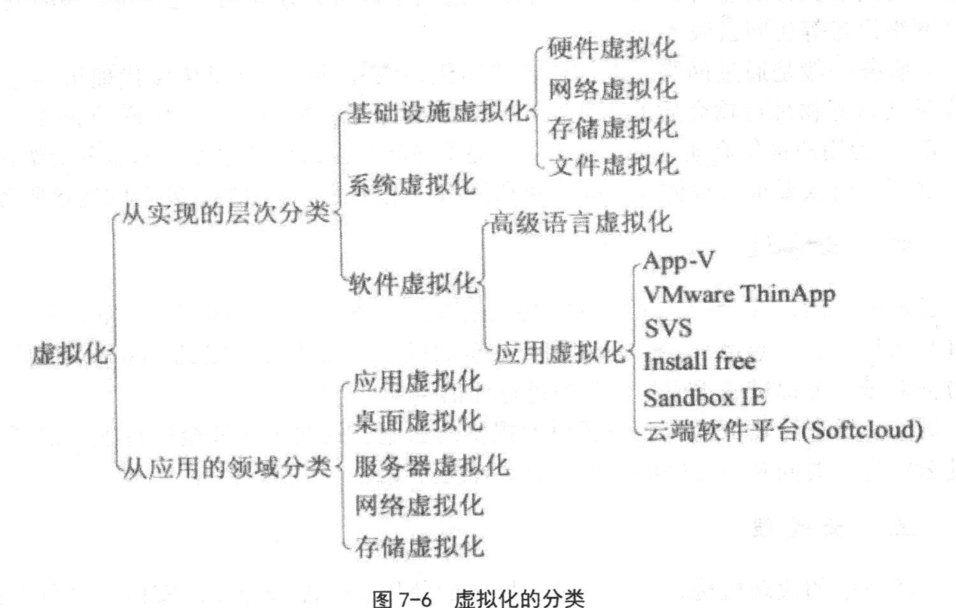

图 7-6 虚拟化的分类

（二）虚拟化技术的发展热点和趋势

1. 从整体上看

当前通过服务器虚拟化实现资源整合是虚拟化技术得到应用的主要驱动力。现阶段，服务器虚拟化的部署远比桌面虚拟化或者存储虚拟化多。但从整体来看，桌面虚拟化和应用虚拟化在虚拟化技术的下一步发展中处于优先地位，仅次于服务器虚拟化。未来，桌面平台虚拟化将得到大量部署。

2. 从服务器虚拟化技术本身看

随着硬件辅助虚拟化技术的日趋成熟，并以各个虚拟化厂商对自身软件虚拟化产品的持续优化，不同的服务器虚拟化技术在性能差异上日益减小。未来，虚拟化技术的发展热点将主要集中在安全、存储、管理上。

3. 从当前来看

虚拟化技术的应用主要在虚拟化的性能、虚拟化环境的部署、虚拟机的零宕机、虚拟机长距离迁移、虚拟机软件和存储等设备的兼容性等问题上实现突破。

三、大规模分布式数据存储与管理

（一）云存储技术类型

经常看到人们在谈论云存储，但是没看过实际的图，人们则很难想象到底云存储是什么模样，图 7-7 就是一个云存储的简易结构图。

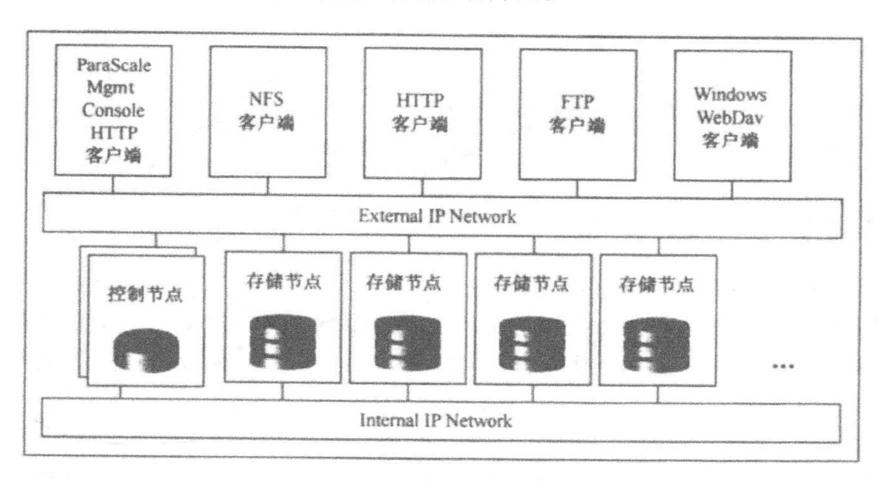

图 7-7　云存储简易结构

图 7-7 中的存储节点（Storage Node）负责存放文件，控制节点（Control Node）则作为文件索引，并负责监控存储节点间容量及负载的均衡，这两个部分合起来便组成一个云存储。存储节点与控制节点都是单纯的服务器，只是存储节点的硬盘多一些，存储节点服务器不需要具备 RAID 的功能，只要能安装 Linux 或其他高级操作系统即可，控制节点为了保护数据，需要有简单的 RAID level 01 的功能。

云存储系统的结构由 4 层组成，如图 7-8 所示。

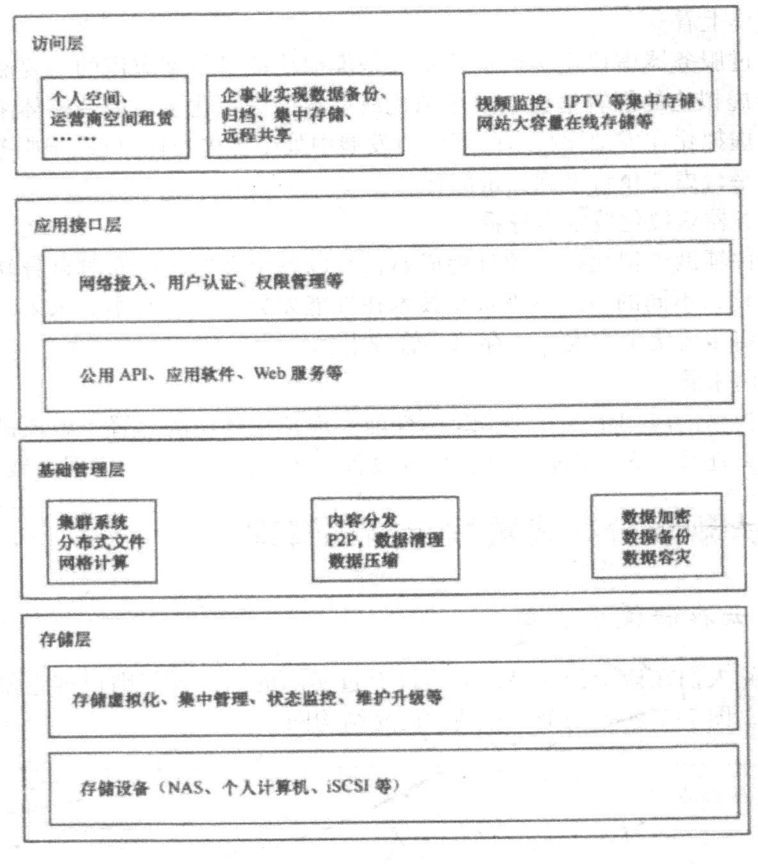

图 7-8　云存储结构模型

（二）分布式文件系统

分布式文件系统（Distributed File System，DFS）最大的特点是以透明的方式在计算机的网络节点上进行远程文件的存取，本地所拥有的物理资源不一定存储在本地。DFS 能够直接屏蔽用户对物理设备的直接操作，用户只需去做就可以，而无须关心怎么做。

1.GFS

搜索引擎需要处理的数据很多，可以用海量来形容，所以 Google 的两位创始人 Larry Page 和 Sergey Brin 在创业初期设计一套名为“BigFiles”的文件系统，而 GFS（Google File System）这套分布式文件系统则是“BigFiles”的延续。GFS 主要是谷歌开发的、非开源的一个可扩展的分布式文件系统，用于大型的、分布式的、对大量数据进行访问的应用。通常被认为是一种面向不可信任服务器节点而设计的文件系统。GFS 运行于廉价的普通硬件上，其具备高度容错的特点，可以给大量用户提供总体性能较高的服务。

图 7-9 所示为 GFS 的架构图。

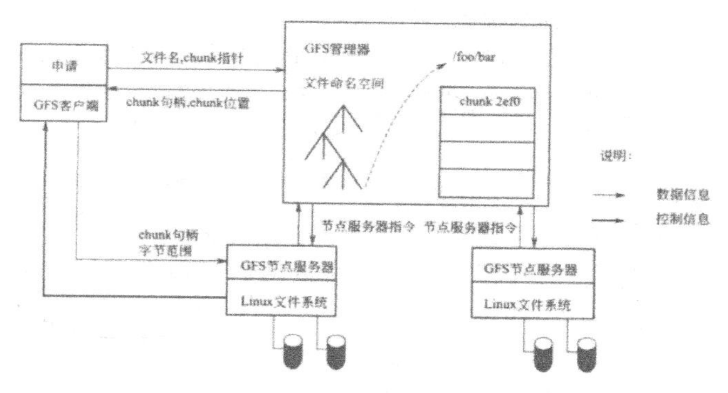

图 7-9　GFS 的架构图

可采用 GFS 分布式文件系统工作的网络无惧主机瘫痪这种现象的发生。因此，GFS 拥有替补可以直接替换坏掉的主机进行数据的重建。Google 每天有大量的硬盘损坏，但是由于有 GFS，这些硬盘的损坏是允许的。

2.HDFS

HDFS 被设计为部署在大量廉价硬件上的，其适用于大数据集应用程序的分布式文件系统，具有高容错、高吞吐率等优点。

（1）HDFS 的架构

HDFS 的结构如图 7-10 所示。

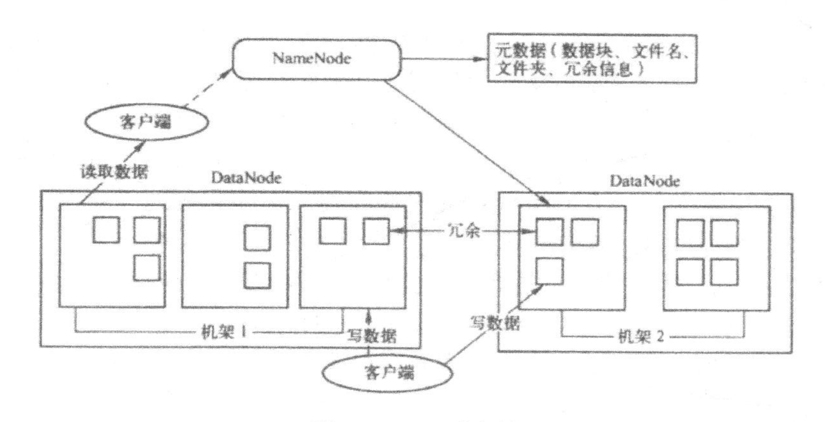

图 7-10　HDFS 的架构

① Namenode

从逻辑上讲，管理节点 Namenode 与 GFS 的 Master 有类似之处，都存放着文件系统的元数据，并周期性地与数据节点联系，管理文件系统与客户端对文件的访问更新状态，事实上，数据并不存在于此。

Namenode 在启动时会自动进入安全模式。安全模式是 Namenode 的一种状态，在这个阶段，文件系统不允许有任何修改，当数据块最小百分比数满足配置的最小副本数条件时，则会自动退出安全模式。

② Datanode

数据节点Datanode才是实际数据的存放之地，用户直接对Datanode进行数据访问。每个Datanode均是一台普通的计算机，在使用上与单机上的文件系统非常类似，一样可以建目录，创建、复制、删除文件，查看文件内容等。但Namenode底层实现上是把文件切割成Block，然后这些Block分散地存储于不同的Datanode上，每个Block还可以复制数份存储于不同的Datanode上，因此具有高容错的特性。

（2）HDFS工作流程

HDFS在读写数据时，采用客户端可以直接从数据节点存储数据的方式，避免了单独访问名字节点造成的性能瓶颈。

①读文件流程

正常情况下，客户端读取HDFS文件系统中的文件时，首先通过本地代码库获取HDFS文件系统的一个实例，该文件系统实例通过RPC远程调用访问名字空间所在的节点NameNode，获取文件数据块的位置信息。NameNode返回每个数据块（包括副本）所在的DataNode地址。客户端连接主数据块所在的DataNode读取数据。一旦，Client与NameNode之间的通信出现异常情况时，Client会连接NameNode副本中存储的DataNode地址进行数据的读取。

在HDFS文件系统中，客户端直接连接DataNode读取数据，这使得HDFS可以同时响应多个客户端的并发请求，这是因为数据流被均匀分布在所有DataNode上，NameNode只负责数据块位置信息查询。

②写文件流程

HDFS写文件操作相对复杂，涉及客户端写入操作和数据块流水线复制两部分。

写入操作首先由NameNode为该文件创建一个新的记录，该记录为文件分配存储节点包括文件的分块存储信息，在写入时系统会对文件进行分块，文件写入的客户端获得存储位置的信息后直接与指定的DataNode进行数据通信，将文件块按NameNode分配的位置写入指定的DataNode，数据块在写入时不再通过NameNode。因此，NameNode不会成为数据通信的瓶颈。

当文件关闭时，客户端把本地剩余数据传完，并通知NameNode，后者将文件创建操作提交到持久存储。DataNode对文件数据块的存储采用流水线复制技术，假定复制因子等于2，即每个数据块有两个副本，客户端首先向第一个DataNode（这里称为主DataNode）传输数据，主DataNode以小部分（如4KB）接收数据，写入本地存储，同时将该数据传输给第二个DataNode（从DataNode），从DataNode接收数据，写入本地存储。若存在更多的副本，那么从DataNode将会把数据传送给下一个DataNode节点，从而实现边收边传的流水线复制。

3.HBase

HBase是一个开源的非关系（NoSQL）的可伸缩性分布式数据库，用在廉价PC Server上搭建起大规模结构化存储集群。它是以Google的BigTable为原型，采用的文件存储系统为HDFS，处理数据的框架模式为MapReduce，采用ZooKeeper来作为协同服务的一种数据库系统。这种存储数据库系统可靠性高，性能非常优越，数据存储

具有伸缩性，不仅采用列存储的方式，还具备实时读写的特性，故应用非常广。

4.非结构化分布式数据库系统

随着现代计算机技术的发展，计算能力和存储能力的问题对计算机数据库性能的提升有着越来越重要的影响。

传统的集群数据库的解决方案大体可以分为以下两类。

（1）Share-Everything（Share-Something）

数据库节点之间共享资源，如磁盘、缓存等。当节点数量增大时，节点间的通信将成为瓶颈；而且节点数量越大，节点对数据的访问控制也就更为复杂，处理各个节点对数据的访问控制也为事务处理带来了很大的困扰。

（2）Share-Nothing

所有的数据库服务器之间任何信息都是屏蔽的，无法共享。在整体数据库中，当任一节点在接到查询任务时，任务将会被分解并被分散到其他所有的节点上面，每个节点单独处理并返回结果。但由于每个节点容纳的数据和规模并不相同，因此如何保证一个查询能够被均衡地分配到集群中成为一个关键问题。同时，节点在运算时可能从其他节点获取数据，这同样也延长了数据处理时间。

数据库发生数据更新时，无法共享的数据库之间就需要更多的精力来保证各个节点之间的数据具有一致性，定位到数据所在节点的速度不仅要快，还要准确。

而在云计算环境中，已经超过半数应用实际上只需类似于 SQL 语句就能够完成查询或数据更新操作，无须去支持完整的 SQL 语义。在这样的背景下，进一步简化的各种 NoSQL 数据库成为云计算中的结构化数据存储的重要技术。

NoSQL 数据库存在并且发展有三大基础，分别为 CAP、BASE 和最终一致性。

CAP 分别指 Consistency 一致性、Availability 可用性（指的是快速获取数据）和 Tolerance of network Partition 分区容忍性（分布式）。这个理论已经被证明其正确性，且需要注意的是，一个分布式系统至多能满足三者中的两个特性，无法同时满足三个。

ACID 分别指 Atomicity 原子性，Consistency 一致性，Isolation 隔离性和 Durability 持久性。传统的关系数据库是以 ACID 模型为基本出发点的，ACID 可以保证传统的关系数据库中的数据的一致性。但是大规模的分布式系统对 ACID 模型是排斥的，无法进行兼容。

由于 CAP 理论的存在，为了提高云计算环境下的大型分布式系统的性能，可以采取 BASE 模型。BASE 模型牺牲高一致性，获得可用性或可靠性。BASE 包括 Basically Available（基本可用）、Soft State（软状态 / 柔性事务）、Eventually Consistent（最终一致）三个方面的属性。BASE 模型的三种特性不要求数据的状态与时间始终同步一致，只要最终数据是一致的就可以。BASE 思想主要强调基本的可用性，如果你需要高可用性，也就是纯粹的高性能，那么就要以一致性或容错性为牺牲。

Google 的 BigTable 是一个典型的分布式结构化数据存储系统。在表中，数据是以“列族”为单位组织的，列族用一个单一的键值作为索引，通过这个键值，数据和对数据的操作都可以被分布到多个节点上进行。

在开源社区中，Apache HBase 使用和 BigTable 类似的结构，基于 Hadoop 平台提供 BigTable 的数据模型，而 Cassandra 则采用了亚马逊 Dynamo 基于 DHT 的完全分布式结构，实现更好的可扩展性。

四、MapReduce

（一）MapReduce系统架构

如何处理并行计算？如何为每个计算任务分发数据？如何保证在出现软件或硬件故障时仍然能保证计算任务顺利进行？所有这些问题综合在一起，需要大量的代码处理，这使得原本简单的运算变得难以处理。

在传统的并行编程模型中，这些问题的有效解决都需要程序员显式地使用有关技术来解决。对于程序员来说，这是一项具有极大挑战性的任务，这也在一定程度上制约了并行程序的普及。显然，对 Google 这样需要分析处理大数据的公司来说，传统的并行编程模型已经不能有效地解决上述复杂的问题。在该环境下，并行编程模型 MapReduce 应运而生。

MapReduce 系统主要由客户端（Client）、主节点（Master）以及工作节点（Worker）三个模块组成，其系统架构如图 7-11 所示。

Client 就是先对程序员编写的 mapreduce 程序进行配置，然后提交给 Master。Master 与 Worker 保持通信，将 Client 提交的 mapreduce 程序主动分解为两部分（Map 任务和 Reduce 任务），Worker 在分配的逻辑片段上执行 Map 任务与 Reduce 任务。

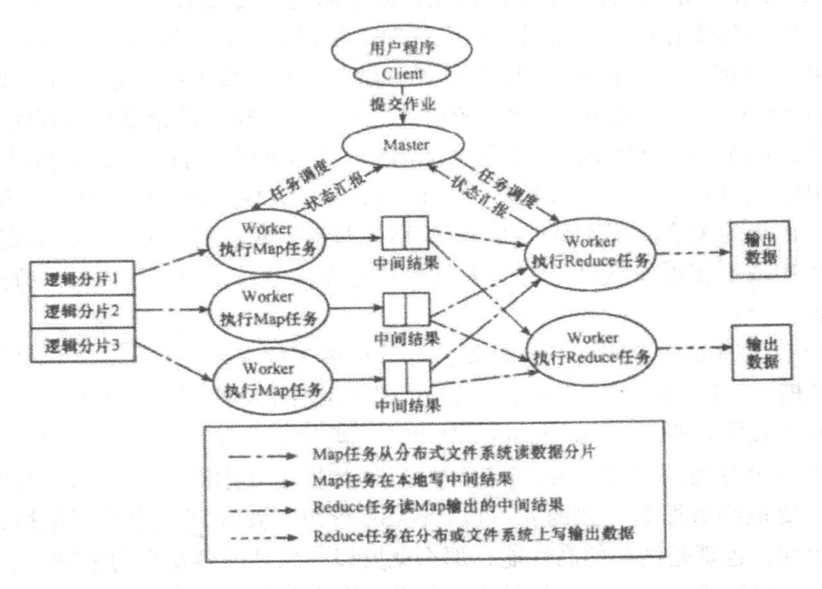

图 7-11　MapReduce 的系统架构

（二）MapReduce执行流程

Google 公司的 MapReduce 编程模型的实现抽象为 Master（主控程序）、Worker

（工作机）、UserProgram（用户程序）三个角色。Master是MapReduce编程模型的中央控制器，负责负载均衡、数据划分、任务调度、容错处理等功能。Worker负责从Master接收任务，进行数据处理和计算，并负责数据传输通信。User Program是系统的用户，需要提供Map和Reduce函数的具体实现。

图7-12展示了Google MapReduce实现中操作的全部流程。

如图7-12所示，一切都是从User Program开始的，User Program链接了MapReduce库。当用户程序调用MapReduce函数时，会引起一系列动作。

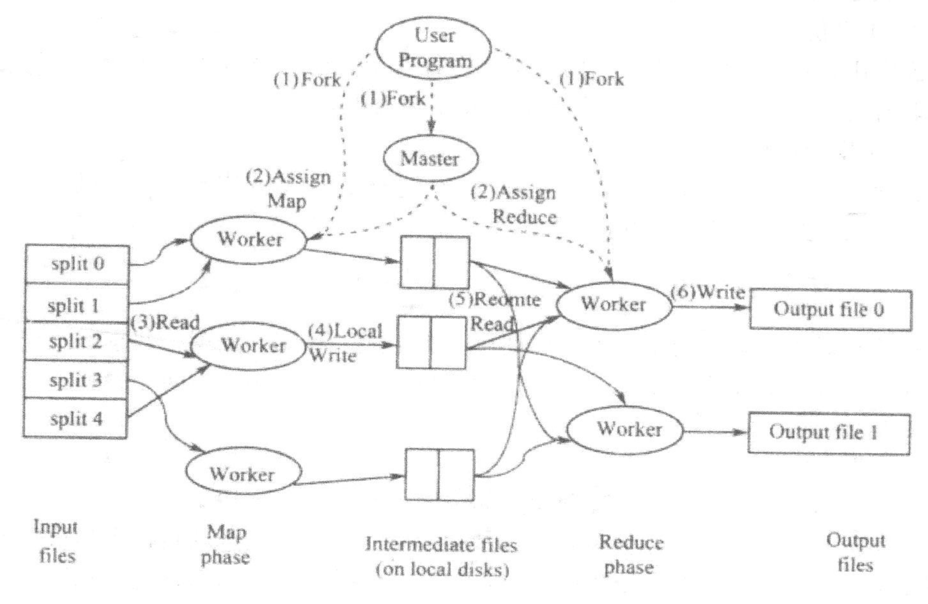

图7-12　Google MapReduce执行流程

五、云计算安全

（一）云计算安全问题分析及应对

1. 云计算安全问题

当务之急，解决云计算安全问题应针对威胁，并建立一个综合性的云计算安全框架，并积极开展其中各个云安全的关键技术研究。

2. 云计算安全问题的应对

（1）4A体系建设

与传统的信息系统相比，大规模云计算平台的应用系统繁多、用户数量庞大，身份认证要求高，用户的授权管理更加复杂等，在这样条件下无法满足云应用环境下用户管理控制的安全需求。因此，云应用平台的用户管理控制必须与4A解决方案相结合，通过对现有的4A体系结构进行改进和加强，实现对云用户的集中管理、统一认证、集中授权和综合审计，可使得云应用系统的用户管理更加安全、便捷。

4A统一安全管理平台是解决用户接入风险和用户行为威胁的必需方式。4A体系架构包括4A管理平台和一些外部组件，这些外部组件一般是对4A中某一个功能的实现，如认证组件、审计组件等。

4A统一安全管理平台支持单点登录，用户完成4A平台的认证后，在访问其具有访问权限的所有目标设备时，均不需要再输入账号口令，4A平台自动代为登录。用户通过4A平台登录云应用系统时4A平台的工作流程，即对用户实施统一账号管理、统一身份认证、统一授权管理和统一安全审计。

（2）身份认证

云应用系统拥有海量用户，因此基于多种安全凭证的身份认证方式和基于单点登录的联合身份认证技术成为云计算身份认证的主要选择。

（3）安全审计

云计算安全审计系统主要是System Agent。System Agent嵌入用户主机中，负责收集并审计用户主机系统及应用的行为信息，并对单个事件的行为进行客户端审计分析。

（二）云数据安全

一般来说，云数据的安全生命周期可分为生成、存储、使用、共享、归档、销毁六个阶段。在云数据生命周期的每个阶段，数据安全则面临着不同方面和不同程度的安全威胁。

1.数据完整性的保障技术

在云存储环境中，为了合理利用存储空间，都是将大数据文件拆分成多个块，以块的方式分别存储到多个存储节点上。数据完整性的保障技术的目标是尽可能地保障数据不会因为软件或硬件故障受到非法破坏，或者说即使部分被破坏也能做数据恢复。数据完整性保障相关的技术主要分两种类型，一种是纠删码技术，另一种是秘密共享技术。

2.数据完整性的检索和校验技术

（1）密文检索

密文检索技术是指当数据以加密形式存储在存储设备中时，如何在确保数据安全的前提下，检索到想要的明文数据。密文检索技术按照数据类型的不同，可主要分为三类：非结构化数据的密文检索、结构化数据的密文检索和半结构化数据的密文检索。

①非结构化数据的密文检索

非结构化数据的密文检索最早的解决方案发布于2000年，主要为基于关键字的密文文本型数据的检索技术。美国加州大学的Song，Wagner和Perrig三人结合电子邮件应用场景，提出了一种基于对称加密算法的关键字查询方案，通过顺序扫描的线性查询方法，实现了单关键字密文检索。

②结构化数据的密文检索

结构化数据是经过严格的人为处理后的数据，一般会以二维表的形式存在，如关系数据库中的表、元组等。在基于加密的关系型数据的诸多检索技术中，DAS模型的提出是一项比较有代表性的突破，该模型也是云计算模式发展的雏形，为云计算服务

方式的提出奠定了理论基础。DAS 模型为数据库用户带来了诸多便利，但用户同样面临着数据隐私泄露的风险，消除该风险最有效的方法是将数据先加密后外包，但加密后的数据打乱了原有的顺序，失去检索的可能性，为了解决该问题，Hacigumus 等提出了基于 DAS 模型对加密数据进行安全高效的 SQL。

③半结构化数据的密文检索

半结构化数据主要来自 Web 数据、包络 HTML 文件、XML 文件、电子邮件等，其特点是数据的结构不规则或不完整，表现为数据不遵循固定的模式、结构隐含、模式信息量大、模式变化快等特点。在诸多基于 XML 数据的密文检索方案中，比较有代表性的方案是哥伦比亚大学的 Wang 和 Lakshmanan 于 2006 年提出的一种对加密的 XMLO 数据库高效安全地进行查询的方案。该方案基于 DAS 模型，满足结构化数据密文检索的特征。

（2）数据检验技术

目前，校验数据完整性方法按安全模型的不同可划分为两类，即 POR（Proof of Retrievability，可取回性证明）和 PDP（Proof of Data Possession，数据持有性证明）。

POR 是将伪随机抽样和冗余编码（如纠错码）结合，通过挑战—应答协议向用户证明其文件是完好无损的，意味着用户能够以足够大的概率从服务器取回文件。不同的 POR 方案中挑战 - 应答协议的设计有所不同。在验证者之前首先要对文件进行纠错编码，然后生成一系列随机的用于校验的数据块，并将这些 Sentinels 随机插入到文件的各位置中，然后将处理后的文件加密，并上传给云存储服务提供商（Prover）。该方案的优点是用于存放岗哨的额外存储开销较小，挑战和应答的计算开销较小，但由于插入的岗哨数目有限且只能被挑战一次，方案只能支持有限次数的挑战，待所有岗哨都“用尽”就需要对其更新。

PDP 方案可检测到存储数据是否完整，最早是由约翰•霍普金斯大学（Johns Hopkins University）的 Ateniese 等提出的。这个方案主要分为两个部分：首先是用户对要存储的文件生成用于产生校验标签的加解密公私密钥对，然后使用这对密钥对文件各分块进行处理，生成 HVT（Homomorphic Verifiable Tags，同态校验标签）校验标签后一并发送给云存储服务商，由服务商存储，用户删除本地文件、HVT 集合，只保留公私密钥对；需要校验的时候，由用户向云存储服务商发送校验数据请求，云服务商接收到后，根据校验请求的参数来计算用户指定校验的文件块的 HVT 标签及相关参数，发送给用户，用户就可以使用自己保存的公私密钥对实现对服务商返回数据，最终根据验证结果判断其存储的数据是否具有完整性。

3. 数据完整性事故追踪与问责技术

云计算主要包括三种服务模式，即 IaaS、PaaS 和 SaaS。在这三种服务模式下，安全责任分工也如图 7-13 所示。

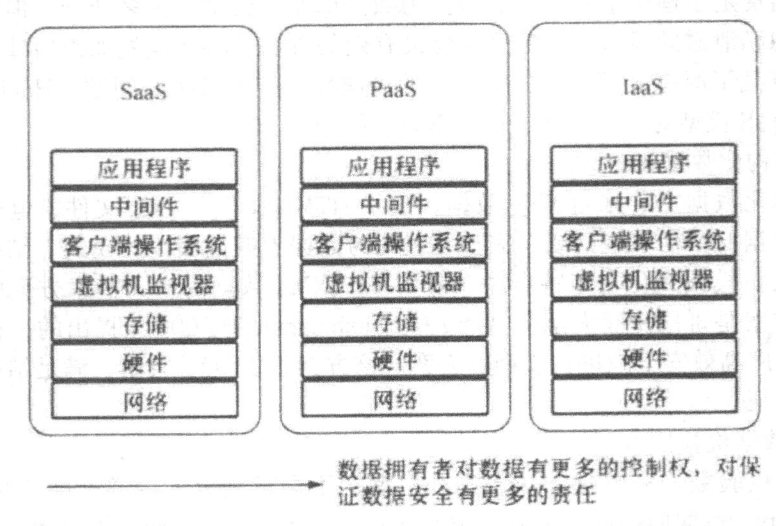

图 7-13　不同云服务模式下，云用户和云服务提供商的安全责任分工

从图 7-13 中可以看出，从 SaaS 到 PaaS 再到 IaaS，云用户自己需要承担的安全管理的职责越来越多，云服务提供商索要承担的安全责任越来越少。但是云服务也可能会面临各类安全风险，如滥用或恶意使用云计算资源、恶意的内部人员作案、共享技术漏洞、数据损坏或泄露以及在应用过程中形成的其他不明风险等，这些风险既可能是来自云服务的供应商，也可能是来自用户；由于服务契约是具有法律意义的文书，因此契约双方都有义务承担各自对于违反契约规则的行为所造成的后果。在这样情况下，使云存储安全的一个核心目标，可问责性（Accountability）应运而生，这对于用户与服务商双方来说都具有重要意义。

4. 数据访问控制

在云计算环境下，数据的控制权与数据的管理权是分离的，因此实现数据的访问控制只有两条途径，一条是依托云存储服务商来提供数据访问的控制功能，即由云存储服务商来实现对不同用户的身份认证、访问控制策略的执行等功能，由云服务商来实现具体的访问控制，另一条则是采用加密的手段通过对存储数据进行加密，针对具有访问某范围数据权限的用户分发相应的密钥来实现访问控制。第二种方法显然比第一种方法更具有实际意义，因为用户对于云存储服务商的信任度也是有限的，由此目前对于云存储中的数据访问控制的研究主要集中在通过加密的手段来实现。

第三节　大数据技术

大数据是一个让所有人充满期待的科技新时代。在这个时代中，社会管理效率的提升，社会生产率的提升，社会生活模式的提升，在很大程度上依赖从大数据中所获取的巨大价值。而得到这样巨大的价值，却不需要耗费金银铜等原材料；不需要耗费水电煤等能源；不需要厂房工地；不需要大量劳动力；特别重要的是不会污染空气水质。正因为这样，在不久的将来，数据将会像土地、石油和资本一样，成为经济运行中的根本性资源，而数据科学家被一致认为是下一个十年最热门的职业。

"大数据时代"来得如此神速，确实有点出乎常人的意料。目前，在数据的获取、存储、搜索、共享、分析、挖掘，乃至可视化展现式，都成为当前重要的热门研究课题。一个新的词汇——"大数据"，不仅悄然诞生，还在全世界迅速流行；一个新的时代，被命名为"大数据时代"的新社会，已经展露其娇媚的容颜；一场"大数据革命"，正在以异乎寻常的狂热，席卷着地球的各个角落。有人甚至描绘了一幅更加动人心魄的画面，来突出大数据的无穷魅力："当每时都有惊喜的海量数据出现在眼前，这是怎样的一幅风景？在后台居高临下地看着这一切，会不会就是上帝俯视人间万物的感觉？"

所有这一切，预示着一个全新的科技时代——大数据时代已经来到了我们的面前，它必将会带来荡涤旧物、开创新界的巨大能量，人类社会在其的覆盖下，也将呈现全新的面貌。

一、大数据的相关技术

大数据技术，就是从各种类型的数据中快速获取有价值信息的技术。大数据领域已经涌现出了大量新的技术，它们成为大数据采集、存储、处理和呈现的有力武器。大数据处理相关的技术一般包括大数据采集、大数据准备、大数据存储、大数据分析与挖掘以及大数据展示与可视化等。

（一）大数据采集

大数据采集是指通过 RFID 射频数据、传感器数据、视频摄像头的实时数据、来自历史视频的非实时数据，以及社交网络交互数据及移动互联网数据等方式获得的各种类型的结构化、半结构化（或称弱结构化）及非结构化的海量数据。大数据采集是大数据知识服务体系的根本。大数据采集一般分为大数据智能感知层和基础支撑层。大数据智能感知层：主要包括数据传感体系、网络通信体系、传感适配体系、智能识别体系及软硬件资源接入系统，实现对结构化、半结构化和非结构化的海量数据的智能化识别、定位、跟踪、接入、传输、信号转换、监控、初步处理和管理等，需要着重攻克针对大数据源的智能识别、感知、适配、传输、接入等技术。基础支撑层：提供大数据服务平台所需的虚拟服务器，结构化、半结构化及非结构化数据的数据库以及物联网络资源等基础支撑环境，需要重点攻克分布式虚拟存储技术，大数据获取、存储、组织、分析和决策操作的可视化接口技术，大数据的网络传输与压缩技术，大数据隐私保护技术等。大数据采集方法主要包括系统日志采集、网络数据采集、数据库采集和其他数据采集四种。

（二）大数据准备

大数据准备是完成对数据的抽取、转换和加载等操作。因获取的数据可能具有多种结构和类型，数据抽取过程可以帮助用户将这些复杂的数据转化为单一的或者便于处理的结构，以达到快速分析处理的目的。目前主要的ETL工具是Flume和Kettle。Flume是Cloudera提供的一个高可用、高可靠、分布式的海量日志采集、聚合和传输系统；Kettle是一款国外开源的ETL工具，其是由纯Java编写，可以在Windows、Linux和UNIX上运行，数据抽取高效且稳定。

（三）大数据存储

大数据对存储管理技术的挑战主要在于扩展性。首先容量上的扩展，要求底层存储架构和文件系统以低成本方式及时、按需扩展存储空间。其次是数据格式可扩展，满足各种非结构化数据的管理需求。传统的关系型数据库管理系统（RDBMS）为了满足强一致性的要求，影响了并发性能的发挥，而采用结构化数据表的存储方式，对非结构化数据进行管理时又缺乏灵活性。目前，主要的大数据组织存储工具包括：HDFS，它是一个分布式文件系统，是Hadoop体系中数据存储管理的基础；NoSQL，泛指非关系型的数据库，可以处理超大量的数据；NewSQL是对各种新的可扩展/高性能数据库的简称，这类数据库不仅具有NoSQL对海量数据的存储管理能力，还保持了传统数据库支持ACID和SQL等特性；HBase是一个针对结构化数据的可伸缩、高可靠、高性能、分布式和面向列的动态模式数据库；OceanBase是一个支持海量数据的高性能分布式数据库系统，实现了在数千亿条记录、数百TB数据上的跨行跨表事务。此外，还有MongoDB等组织存储技术。

（四）数据挖掘

大数据时代数据挖掘主要包括并行数据挖掘、搜索引擎技术、推荐引擎技术和社交网络分析等。

1.并行数据挖掘

挖掘过程包括预处理、模式提取、验证和部署四个步骤，对于数据和业务目标的充分理解是做好数据挖掘的前提，需要借助MapReduce计算架构和HDFS存储系统完成算法的并行化和数据的分布式处理。

2.搜索引擎技术

可以帮助用户在海量数据中迅速定位到需要的信息，只有理解了文档和用户的真实意图，做好内容匹配和重要性排序，才能提供优秀的搜索服务，需要借助MapReduce计算架构和HDFS存储系统完成文档的存储与倒排索引的生成。

3.推荐引擎技术

帮助用户在海量信息中自动获得个性化的服务或内容，其是搜索时代向发现时代过渡的关键动因，冷启动、稀疏性和扩展性问题是推荐系统需要直接面对的永恒话题，推荐效果不仅取决于所采用的模型和算法，还与产品形态、服务方式等非技术因素息息相关。

4.社交网络分析

从对象之间的关系出发，用新思路分析新问题，提供对交互式数据的挖掘方法和

工具，是群体智慧和众包思想的集中体现，也是实现社会化过滤、营销、推荐和搜索的关键性环节。

（五）大数据展示与可视化

大数据可视化技术可以提供更为清晰直观的数据表现形式，把错综复杂的数据和数据之间的关系，通过图片、映射关系或表格，以简单、友好、易用的图形化、智能化的形式呈现给用户，供其分析使用。可视化是人们理解复杂现象，诠释复杂数据的重要手段和途径，可通过数据访问接口或商业智能门户实现，以直观的方式表达出来。可视化与可视化分析通过交互可视界面来进行分析、推理和决策，可从海量、动态、不确定甚至相互冲突的数据中整合信息，获取对复杂情景的更深层的理解，供人们检验已有预测，探索未知信息，同时提供快速、可检验、易理解的评估和更有效的交流手段。目前，Datawatch、MATLAB、SPSS，SAS，Stata 等都有数据可视化功能，其中 Datawatch 是数据可视化方面最流行的软件之一。完整的可视化分析系统的一个基本要素是具有处理大量多变量时间序列数据的能力。Datawatch Designer 可以提供一系列专业化的数据可视化方案，包括地平线图、堆栈图以及线形图等，让历史数据分析更简单、更高效。该软件能够连接传统的列导向和行导向的关系型数据库，从而支持对大型数据集进行快速、有效的多维分析。Datawatch 提供了卓越的时间序列分析能力，是全球投资银行、对冲基金、自营交易公司以及交易用户必不可少法宝之一。

二、大数据技术的应用

大数据技术能够将隐藏于海量数据中的信息和知识挖掘出来，为人类的社会经济活动提供依据，从而提高各个领域的运行效率，大大提高了整个社会经济的集约化程度。在我国，大数据将重点应用于商业智能（图 7-14、图 7-15），政府决策、公共服务三大领域。

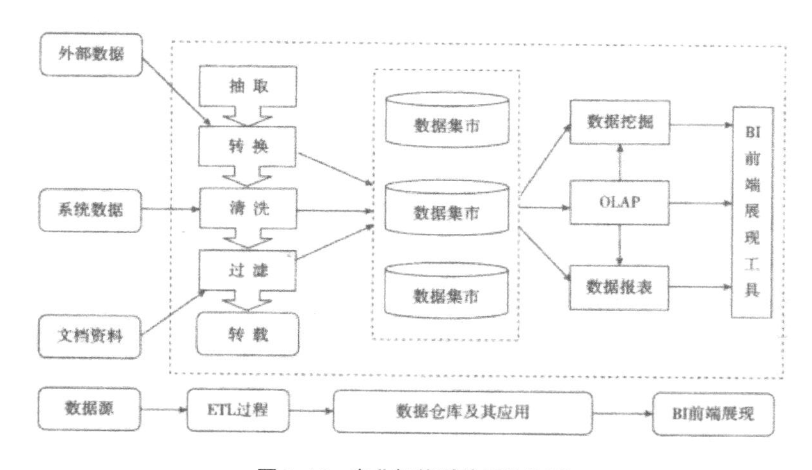

图 7-14　商业智能系统架构体系

图 7-15 商业智能与大数据结合的应用

例如智慧城市，商业智能技术，政府决策技术，电信数据信息处理与挖掘技术，电网数据信息处理与挖掘技术，气象信息分析技术，环境监测技术，警务云应用系统（道路监控、视频监控、网络监控、智能交通、反电信诈骗、指挥调度等公安信息系统），大规模基因序列分析比对技术，Web 信息挖掘技术，多媒体数据并行化处理技术，影视制作渲染技术，其他各种行业的云计算和海量数据处理应用技术等。

[1] 陈志刚 .5G 革命 [M]. 长沙：湖南文艺出版社，2020.

[2] 符长青，符晓勤 .5G 网联无人机 [M]. 西安：西北工业大学出版社，2020.

[3] 陈鹏 .5G 移动通信网络 [M]. 北京：机械工业出版社，2020.

[4] 张明钟 .5G 赋能 [M]. 北京：中国纺织出版社，2020.

[5] 付君锐 . 一本书读懂 5G[M]. 北京：中国纺织出版社，2020.

[6] 张靖笙 .5G 大时代 [M]. 北京：中国友谊出版公司，2020.

[7] 尹学锋，颜卉 .5G 通信导论 [M]. 武汉：华中科学技术大学出版社，2020.

[8] 孙文 .5G 智联万物 [M]. 深圳：海天出版社，2020.

[9] 董兵，赖雄辉 .5G 基站工程与设备维护 [M]. 北京：北京邮电大学出版社，2020.

[10] 王鸥 . 社交新零售 5G 时代的零售变革 [M]. 北京：中国原子能出版社，2020.

[11] 郭雯 .5G 关键技术行业标准专利分析 [M]. 北京：知识产权出版社，2020.

[12] 苏丽芳 .5G 时代电信业法律规制研究 [M]. 武汉：武汉大学出版社，2020.

[13] 周洁如 . 基于移动社交网企业与用户互动及其创新研究 [M]. 上海：上海交通大学出版社，2019.

[14] 啜钢 . 移动通信原理与系统 第 4 版 [M]. 北京：北京邮电大学出版社，2019.

[15] 胡国华，陈玉胜 . 移动通信技术原理与实践 [M]. 武汉：华中科技大学出版社，2019.

[16] 付秀花 . 现代移动通信原理与技术 [M]. 北京：国防工业出版社，2019.

[17] 刘东明 .5G 革命 [M]. 北京：中国经济出版社，2019.

[18] 金易 .5G 的商业革命 [M]. 广州：广东经济出版社，2019.

[19] 张功国，李彬 . 现代 5G 移动通信技术 [M]. 北京：北京理工大学出版社，

2019.

[20] 朱惠斌，蔡小勇 .5G时代 建筑天线一体化研究 [M]. 广州: 华南理工大学出版社，2019.

[21] 陈敏 .5G 移动缓存与大数据 5G 移动缓存、通信与计算的融合 [M]. 武汉：华中科技大学出版社，2018.

[22] 缪一铭 .OPNET 物联网仿真 基于 5G 通信与计算的物联网智能应用 [M]. 武汉：华中科技大学出版社，2018.

[23] 孙海英，魏崇毓 . 移动通信网络及技术 第 2 版 [M]. 西安：西安电子科技大学出版社，2018.

[24] 李媛 . 移动通信工程 [M]. 北京：北京邮电大学出版社，2018.

[25] 周苏，王文 . 大数据时代移动商务 [M]. 北京：中国铁道出版社，2018.

[26] 苏广文，雷刚跃 . 移动互联网产品策划与设计 [M]. 西安：西安电子科技大学出版社，2018.

[27] 田文博，王文江 . 接入网技术 [M]. 西安：西安电子科技大学出版社，2018.

[28] 向守超，谢钱涛 . 无线传感网技术与设计 [M]. 西安：西安电子科技大学出版社，2018.

[29] 雷蕾，吴昊 . 轨道交通宽带移动通信网络 [M]. 北京：北京交通大学出版社，2018.

[30] 蒋峥 . 面向 5G 的多层多小区协作技术 [M]. 北京：北京邮电大学出版社，2017.

[31] 周洁如 . 基于移动社交网企业创新的商业模式研究 [M]. 上海：上海交通大学出版社，2017.

[32] 刘国华，张鹏 . 网红经济 移动互联网时代人与商业的新逻辑 [M]. 北京：新世界出版社，2017.

[33] 卢晶琦，孟庆元 . 移动通信理论与实战 [M]. 西安：西安电子科技大学出版社，2017.

[34] 何晓明，胡燏 . 移动通信技术 [M]. 成都：西南交通大学出版社，2017.